한 끼 뚝딱!
맘 편한
토핑 이유식

한 번 보고 따라 하는
우리 아기 영양 식단

한 끼 뚝딱!

맘 편한
토핑 이유식

율마(오애진)

온더페이지
on the page

모든 엄마가
쉽게 이유식을 만들 수 있도록 🍴🍽

인스타그램이나 블로그에는 이유식을 예쁘게 만들어주는 엄마의 이야기가 굉장히 많아요. 첫아기를 낳고 키울 때 그런 사진들을 보면서, 이유식에 대한 설렘보다는 '나도 저렇게 할 수 있을까?'라는 부담과 두려움이 앞섰답니다. 저는 요리도 잘 못했기 때문에 아기에게 남들처럼 예쁘고 먹음직스럽게 만들어줄 수 없을 것 같다는 걱정과 고민이 가득했어요. 결국 '시판 이유식으로 시작할까' 하는 생각까지 다다르게 됐어요.

하지만 문득 이런 생각이 들더라고요. 'SNS에 이유식 사진을 올리지 않은 엄마가 훨씬 많지 않을까? 그 엄마들도 나름대로 아기에게 이유식을 만들어 먹이고 있을 거야.' 그렇게 생각하니 한결 마음이 가벼워지더라고요. 그래서 직접 이유식을 만들어보기 시작했어요. 평소에 김치볶음밥도 못 만들 만큼 일명 '요똥(요리똥손)'인 제가 두 아기 모두에게 이유식을 직접 만들어 먹일 수 있었던 이유는, 이유식은 간을 맞추거나 맛을 내야 하는 요리 기술이 전혀 필요하지 않기 때문이에요. 이유식은 단순히 '손질하고' '익히고' '다지는' 일만 하면 돼요.

결국 저는 예쁜 이유식보다 제 성격에 맞는 효율적인 이유식을 진행했고, 준비물도 최소한으로 구비했어요. 간편한 이유식을 함으로써 아낀 체력과 시간을 아기에게 쏟을 수 있게 돼서 엄마와 아기가 모두 만족하는 이유식을 할 수 있게 됐어요. 그렇게 두 아기의 이유식을 성공적으로 완주했답니다.

제가 직접 만들어 진행한 이유식 식단표와 레시피를 블로그에 공개했고, 1만 개가 넘는 댓글이 달렸어요. 엄마들의 질문에 일일이 답변하기 힘들어져 '맘편한 토핑이유식' 카페를 개설했어요. 지금은 카페에서 엄마들과 소통하면서 이유식을 도와드리고 있답니다. 특히 둘째 이유식을 시작할 때인 2021년 하반기에는 유튜브 '하정훈의 삐뽀삐뽀 119 소아과' 채널에서 토핑 이유식을 언급해 열풍이 불었어요.

첫째 때 밥솥으로 죽 이유식을 하고, 둘째 때 토핑 이유식을 해보니, 각각 어떤 장단점이 있는지를 알게 됐어요. 초반에는 새로운 토핑 이유식이 적응되지 않아 불편한 점도 있었지만, 익숙해지니 토핑 이유식의 매력에 빠지게 되더라고요. 죽처럼 한 번에 섞은 음식을 먹이는 게 아니라 각각의 재료를 하나씩 떠서 먹이다 보니, 재료마다 아기의 표정이 달라지는 것을 볼 수 있었어요. 정말 귀엽고 사랑스러웠답니다.

두려움 반, 설렘 반의 마음으로 시작하는 우리 아기 첫 이유식, 완주하실 수 있도록 하나씩 알려드릴게요. 예쁜 플레이팅과 완벽한 레시피가 있는 이유식은 아닐지라도, 조금 더 쉽고 편하게 할 수 있는 효율적인 방법을 알려드릴 거예요. 남는 시간은 아기와 놀며 행복한 시간을 보내도 좋고, 쉬어도 좋아요. 그리고 엄마가 지치고 힘들면 언제든 시판 이유식을 병행해도 좋다고 말씀드리고 싶어요. 어떻게 만들든, 무엇을 만들든 정답은 없으니 예쁘게 만들지 못한다는 죄책감은 내려놓고 즐거운 이유식을 시작해보도록 해요.

마지막으로 이 책을 낼 수 있도록 이유식을 잘 먹어준 하율이와 지율이, 옆에서 응원해준 사랑하는 남편, 이 책을 쓸 수 있게 용기를 북돋아준 내 멘토 반경화, 그리고 책 속 레시피를 검토해주신 강우리 영양사님께도 고마운 마음을 전합니다.

율마(오애진)

목차

중기이유식(만 7~8개월)

후기 이유식 (만 9~11개월)

완료기 이유식 (만 12개월 이후)

Basic Guide

이유식 시작 전에
알아두세요

이유식 시작 시기는 언제일까요

지금부터 이유식을 시작하기 전에 알아야 할 것들을 알려드릴게요. 형광펜이 있다면 중요한 포인트는 밑줄을 그어가며 따라오세요. 아기의 이유식이 끝났을 때 이책이 너덜너덜거린다면 정말 뿌듯하고 기쁠 거예요.

예전에는 모유수유와 분유수유의 이유식 시작 시기가 달랐어요. 모유수유는 만 6개월부터, 분유수유는 4~6개월 사이였지요. 이렇게 달랐던 이유는 WHO(세계보건 기구)에서 완전 모유수유를 만 6개월까지라고 이야기했기 때문이에요. 그런데 사실 모유수유든 분유수유든 만 4~6개월 사이면 어느 때든 상관없다고 해요. 다만 WHO에서 그렇게 이야기한 이유는 아기에게 최대한 모유를 많이 먹이기 위해서이기도 하고, 신선한 채소가 값비싸거나 구하기 힘든 개발 도상국 아기들을 고려해야 했기 때문이에요. 그래서 최대한 6개월까지 완전 모유수유를 해도 괜찮다는 지침을 마련했던 거라고 해요.

이때까지 소아청소년과 의사 선생님들은 공통적으로 만 4개월 전에 이유식을 시작하면 비만이 될 확률이 높고, 6개월 이후에 시작하면 철분 부족(특히 완전 모유수유 아기들), 고형식 거부 등을 겪을 수 있으니 그 사이에 시작하라고 했어요. 그런데 지금은 수유 방법과 관계없이 생후 180일에 시작하라는 지침도 보이고 있어요.

가끔 아기가 엄마·아빠의 음식 먹는 모습을 빤히 쳐다보거나 침 흘리는 것을 보고 이유식을 시작하려고 하는 엄마들이 많이 있어요. 빨리 먹어보고 싶어서 가슴이 두근두근하고 기대하는 마음은 알겠지만, 조금 더 기다려주면 아기는 허리 힘을 더 키울 수 있고, 내뱉기 반사가 없어지는 등 이유식을 더 잘 받아들일 준비가 될 거예요. 저의 의견을 이야기하자면, 아기의 이유식 적응 기간이 짧으면 1~2주, 길면 한 달까지도 걸리기 때문에 만 5개월 중반쯤부터 조금씩 시작하는 것도 괜찮다고 생각해요. 그래야 철분이 본격적으로 부족한 6개월에는 소고기가 들어간 이유식으로 철분 섭취가 제대로 이뤄질 수 있으니까요. 하지만 너무 일찍 시작하면 질산염 재료들 때문에 이유식을 제대로 할 수 없어요. 청경채를 포함한 많은 채소에는 철분 흡수를 방해하는 질산염이 들어 있거든요.

아기의 몸무게가 너무 많이 나가거나, 수유량이 너무 적거나 할 때는 소아청소년과 의사 선생님과 상담 후 만 6개월보다 더 일찍 시작할 수 있다는 사실도 기억해두세요.

이유식을 시작하면 변비가 생길 수 있어요

이유식을 시작하면 변비가 생기거나 변 상태가 바뀌는 경우는 굉장히 흔하답니다. 아기의 장이 성장해가면서 변은 점점 되직하게 변하게 돼요. 자연스러운 현상이니 너무 걱정하지 마세요. 특히 이유식으로 먹은 것들이 그대로 변에 보이는 것은 아직 아기의 소화 능력이 미숙하기 때문인데, 소화 능력은 아기가 성장하면서 자연스럽게 해결될 문제예요. 이유식은 아기가 밥을 먹기 위한 연습이니, 소화를 위해 더 잘게 잘라주거나 갈아주기보다는, 입자에 익숙해질 수 있도록 그대로 쭉 진행해주세요. 3~4살 아이도 가끔은 옥수수알이 그대로 변에 나오거든요. 하지만 아기가 끙끙거리며 변을 힘들게 보거나 며칠째 변 소식이 없을 때는 이유식 재료를 달리하면서 배변을 도와줄 수 있어요.

검은 반점이 생길 정도로 푹 익은 바나나, 껍질째 먹는 사과, 서양 자두 푸룬, 그리고 수시로 물을 주면서 아기의 변비를 완화시켜줄 수 있어요. 또한 고기 비율을 조금 낮추고 채소 비율을 많이 올려주면 변비를 해소하는 데 도움을 줄 수 있어요. 반면에 덜 익은 바나나, 익힌 사과나 익힌 당근, 치즈 같은 유제품은 오히려 변비를 악화시킬 수 있으므로 주의해야 해요.

또한 아기마다 맞는 음식이 달라서 이것저것 시도해보는 게 좋아요. 첫째 하율이는 저를 닮았는지 푸룬을 먹어도 변비가 해결되지 않았어요. 제가 임산부 변비로 고생했을 때 푸룬 주스를 원샷해도 아무런 반응이 없었거든요. 대신 공복에 생사과를 줬던 것이 가장 큰 효과를 보았답니다. 주변에는 키위가 제일 효과가 있었다는 사례도 있었어요. 이렇듯 아기마다 맞는 음식이 다르니 다양하게 시도해보세요.

변비에 좋은 것	변비에 나쁜 것
- 검은 반점이 생길 정도로 푹 익은 바나나 - 껍질째 먹는 사과 - 서양 자두 푸룬 - 물 - 고기 비율을 낮추고 섬유질이 풍부한 채소(고구마, 브로콜리, 콜리플라워, 무, 양배추) 비율을 높이기	- 덜 익은 바나나 - 익힌 사과 - 익힌 당근 - 치즈 같은 유제품

아직 이가 안 났어요

빠른 아기는 100일만 지나도 아랫니가 뿅 올라오는데, 9개월이 지나도 이가 안 나는 아기도 있어요. 하지만 이유식의 진도는 모두 똑같답니다. 앞니는 이유식 먹는 데 별 도움이 안되거든요. 제대로 씹을 수 있는 어금니가 모두 나려면 돌은 훌쩍 지나야 해요. 그러므로 유치와 관계없이 이유식을 차례차례 진행하면 된답니다.

아기들은 혀로 으깨고 잇몸으로 씹으면서 이유식을 먹기 때문에 치아가 없다고 더 곱게 다져주지 않아도 돼요. 다만 저는 버섯류나 고기류같이 질긴 재료는 어금니로 씹을 수 있을 때까지 다지기로 잘게 다져서 주는 편이었어요. 애호박이나 무 같은 재료는 크게 잘라도 아기가 잇몸으로 충분히 으깨 먹을 수 있는데, 버섯류나 고기류는 성인인 제가 잇몸으로 씹는다고 생각해도 쉽지 않겠더라고요. 그래서 후기에도 무른 재료는 입자 크기를 키우고 질긴 재료는 다지기로 계속 잘게 다졌어요.

아기에게 알레르기가 있어요

피부에 붉은 반점이 올라오는 것뿐만 아니라, 구토를 하거나, 설사 반응까지도 모두 알레르기에 속할 수 있어요. 꼭 새로운 재료는 아침에 먹여 테스트하세요. 그래야 아기가 알레르기 반응을 보였을 때 바로 병원에 갈 수 있어요. 보통 알레르기 반응은 먹고 나서 2시간 내에 일어나니 잘 봐야 해요. 하지만 입 주변에 살짝 올라오는 정도에 그친다면 사진을 찍고 아기의 반응과 음식명, 조치 내용('비판텐을 발랐음' 등)과 경과 등을 기록해둔 후 다음 날 다시 먹어보세요. 단순 침독 같은 접촉성 피부염이라면 다음 이유식을 먹이기 전에 입 주변에 꾸덕꾸덕한 크림이나 밤을 얇게 펴 발라 코팅해준 후에 먹이면 괜찮을 수 있어요. 그럼에도 불구하고 같은 반응이 일어난다면 기록을 가지고 병원에 가야 해요.

만약 알레르기 반응이 일어났다면, 그 음식을 아주 배제하지 말고 2~3주 정도 후에 다시 먹여보세요. 둘째 지율이는 익힌 오이를 먹고 설사를 하는 알레르기 반응이 일어났는데 3주쯤 후에는 생오이도 아주 잘 먹었어요. 하율이는 돌 즈음 돼지고기를 먹고 팔다리의 피부가 빨갛게 되면서 오돌토돌해지는 알레르기 반응이 일어났는데, 한 달 후에 만들어준 돼지고기 완자는 아주 잘 먹었답니다.

대표적으로 알레르기를 일으키는 이유식 재료는 달걀, 밀가루, 땅콩, 새우, 생선 등이지만 아기에 따라 토마토, 가지, 오이 등에도 알레르기 반응을 일으킬 수 있어요.

흔히 아기에게 이유식 재료를 먹이면서 '알레르기를 테스트한다'라고 이야기해요. 하지만 같은 재료를 3일간 먹이는 이유는 알레르기 테스트를 하는 것이 아니라 아기가 그 재료에 적응할 수 있는 시간을 주는 거예요. 초·중기에는 적어도 3일, 그 이후에는 2일 정도 주지요. 그래서 한 번 먹이고 '괜찮네, 알레르기가 없구나'라고 판단하기보다는, 3일 동안 천천히 아기의 몸이 재료에 적응하게 한다고 생각하면 돼요. 따라서 첫날 알레르기가 일어나지 않더라도 둘째 날에 반응을 보일 수도 있어요.

TIP 땅콩 알레르기

땅콩을 일찍 노출한 아기들의 알레르기 발생률이 더 낮다는 연구 결과가 있답니다(하정훈, '삐뽀삐뽀 119 소아과'). 아기의 몸에 동전 습진(화폐상 습진), 아토피가 있거나 땅콩 알레르기 유전력이 있다면 소아청소년과 의사 선생님과 꼭 상의 후에 노출을 결정하세요. 심한 아기들은 먼저 검사를 하고 노출해야 하는 경우도 있어요. 아기가 땅콩을 그대로 먹을 수 없기 때문에 땅콩 버터 같은 소스 형태로 노출시키면 돼요. 하지만 알레르기에 면역을 키우기 위해서는 일주일에 두세 번 정도 수년간 꾸준히 노출시켜야 해요. 저희 아이는 습진도 없고 유전력도 없어서 굳이 땅콩을 일찍부터 노출해주지는 않았어요.

이유식, 언제 어떻게 먹여야 할까요

하율이와 지율이의 이유식을 준비할 때는 본격적으로 시작하기 몇 주 전부터 숟가락과 친해지게 하려고 모유를 숟가락에 조금씩 짜서 아기에게 줬어요. 그렇게 숟가락으로 받아먹는 것이 익숙해지면 조금 더 쉽게 이유식을 받아들이는 것 같더라고요. 숟가락에 흥미도 가지게 되고요.

이유식은 보통 이렇게 진행된답니다. 첫 시작은 오전 중 아기가 가장 기분 좋을 때 하고, 두 끼로 늘어나면 아침·점심, 세 끼가 되면 아침·점심·저녁을 먹인다는 생각으로 주면 돼요.

그런데 처음부터 시간에 꼭 얽매일 필요는 없어요. 어떤 날은 날씨가 우중충해서 아기가 낮잠을 오래 자버리곤 했는데, 그러면 이유식 시간이 맞지 않거나 애매해졌어요. 저는 그럴 때 이유식 대신 분유를 먹였고 다음 식사 때 이유식을 먹이기도 했어요. 시간이 애매하면 아주 가끔은 이유식 한 끼 정도는 건너뛰기도 했답니다. 자주 반복되면 안 되겠지만, 완전히 세 끼가 자리 잡기 전까지는 어느 정도 융통성 있게 해도 괜찮다고 생각해요.

엄마·아빠의 일상을 너무 이유식 스케줄에 맞추지 마세요. 먹이는 게 육아의 전부는 아니니까요. 그래도 규칙적인 생활은 아기에게 어떤 일이 일어날지 예상하게 해줘 스트레스를 줄일 수 있으니, 세 끼 식사가 자리 잡게 되면 그때부터는 규칙적으로 먹는 것이 좋아요.

지율이의 이유식 스케줄은 각 시기별로 넣어뒀으니 참고해주세요.

이유식 먹이는 방법

이유식은 처음에 한 숟가락부터 시작해서 조금씩 늘려가면 되는데, 초반에는 먹는 양보다 흘리는 양이 훨씬 더 많을 거예요. 2~3주 정도 지나면 대부분의 아기가 이유식을 잘 받아먹기 시작해요. 그러니 조급해하지 말고 아기가 천천히 조금씩 적응할 수 있도록 도와주세요.

이유식은 놀이하듯 시작해야 하는데 아기가 너무 배가 고플 때 이유식을 주면 배는 고픈데 잘 먹지 못해 답답해서 짜증내고 울 수 있어요. 그럴 때는 수유를 적당히 하고 이유식을 주는 것도 좋아요. 이유식은 잘 먹지만 수유량이 적은 아기는 수유를 먼저 하고 이유식을 줘보세요. 이유식을 잘 먹지 않는 아기는 이유식을 먼저 먹이고 수유해보세요. 항상 이유식을 먼저 먹일 필요는 없어요. 아기에 맞게 바꿔주세요.

하율이와 지율이는 둘 다 수유를 싫어하는 아기라 항상 수유부터 하고 이유식을 먹었어요. 아무리 배부를 때까지 수유를 해도 이유식은 입을 쩍쩍 벌리며 받아먹었답니다. 분리수유를 할 때까지는 수유를 먼저 했어요.

우리가 밥을 먹는 것에 정답이 없는 것처럼 이유식에도 정답이 없어요. 아기가 식사에 잘 적응할 수 있도록 엄마가 옆에서 도와준다는 생각으로 진행하면 돼요. 딱 정해진 대로 해야 한다는 강박 관념은 멀리멀리 날려버리세요.

간식은 언제부터 얼마나 줘야 할까요

사실 이 책을 쓰면서 간식은 어떻게 할지 고민이 있었어요. 저는 하율이와 지율이에게 이유식을 진행하는 동안 간식을 매일 만들어준 엄마는 아니었거든요. 하율이에게는 분유빵이나 티딩러스크(theething rusk, 치발기 과자) 정도를 만들어줬을 뿐, 그 외에 간식으로는 과일을 통째로 주거나 요거트를 줬을 뿐이에요. 지율이에게는 주로 각종 과일이나 아보카도바나나퓌레와 같은 간단한 간식, 유기농 밀가루로 만든 빵, 요거트, 떡뻥을 줬고, 그마저도 이유식을 잘 먹지 않으면 주지 않았어요. 간식보다 이유식 세 끼를 먹는 것이 먼저이니, 간식 때문에 아기의 이유식량이 줄어든다면 안 줘도 돼요. 물론 아기가 이유식도 잘 먹고 수유량도 충분하다면 중간에 간식을 줘도 되겠죠?

이유식 세 끼가 딱 자리 잡히면 달지 않은 과일류로 주세요. 지율이는 누나 하율이가 매일 간식으로 과일을 먹다 보니 그걸 볼 때마다 먹고 싶어 해서 같이 줬어요. 그런데 확실히 다양한 과일을 접하니 이유식을 자꾸 안 먹으려고 하더라고요. 그렇다고 누나가 옆에서 계속 먹고 있는데 안 줄 수도 없어서 가급적 달지 않은 과일을 주려고 했어요.

그러니 간식을 꼭 줘야 하는 상황이 아니라면, 이유식부터 잘 먹이는 게 제일 좋아요. 아기가 세 끼가 제대로 자리 잡히고, 세 끼 모두 잘 먹고, 수유량도 충분하다면, 이제 중간에 간식을 먹여보세요. 아기가 이유식을 마치고 유아식을 시작하면 하루에 세 끼의 밥과 두 끼의 간식을 먹게 된답니다. 이 간식에는 돌 이후 마시는 우유도 포함돼요. 우리는 이유식을 하면서 그 과정으로 점점 다가가는 거예요.

참고로 아기에게 많이 주는 간식인 치즈에는 나트륨이 생각보다 많이 들어 있어요. 첫째는 생각 없이 먹였지만 둘째는 돌이 되도록 주지 않았어요. 그래도 유제품을 간식으로 주는 것은 좋다고 생각해서 치즈 대신 플레인 요거트를 줬어요. 치즈를 주면 아기가 엄청 좋아할 것을 알지만, 이유식에 소금을 하나도 안 넣는데 굳이 치즈를 줘서 나트륨을 먹일 이유가 없다고 생각했거든요. 치즈는 무염 이유식이 끝나고 줬어요.

TIP 식단표에 없는 새로운 과일은 어떻게 줄까요

간식으로 주는 것들이 새로운 재료라면 알레르기가 걱정될 거예요. 그럴 때는 식단표상 새로운 음식을 먹인 3일 차에 줘보세요. 새로운 음식을 먹고 2일 정도 아무 이상 없다면 대부분은 3일 차에도 문제없어요. 하지만 재료에 적응시키기 위해 3일은 먹여야 하니 새로운 과일은 3일 차 오전에 먹여보세요. 혹시나 알레르기 반응을 보인다면 빨리 병원에 갈 수 있게요. 예를 들어 1~2일 차에는 소고기죽, 3일 차에는 소고기죽과 오전 간식으로 새로운 과일을 주는 식이에요.

토핑 이유식이란
무엇인가요

첫째 이유식을 시작할 때만 해도 이유식은 '냄비 이유식 vs. 밥솥 이유식' 구도였답니다. 그런데 2021년부터 토핑 이유식 열풍이 불었어요. 토핑 이유식은 말 그대로 죽에 토핑을 얹어주는 이유식이에요. 기존의 이유식처럼 여러 가지 재료를 한꺼번에 넣고 섞어주는 죽과는 달라요. 베이스가 되는 죽은 따로 하고 그 위에 각각의 반찬을 올려서 덮밥 또는 밥과 반찬의 형태로 아기에게 제공하는 거예요. 어른이 먹는 밥상과 다를 바 없죠. 그래서 죽으로 이유식을 만드는 것보다 유아식으로 넘어가기가 굉장히 수월해요. 기존 토핑들이 하나둘씩 반찬으로 바뀌면 되거든요.

이해하기 쉽게 토핑 이유식과 기존의 죽 이유식을 비교해봤어요.

구분	토핑 이유식	죽 이유식
제공 형태	섞지 않은 밥, 반찬의 형태	재료를 한꺼번에 넣고 다 섞은 죽 형태
먹는 속도	재료마다 따로 먹어 느림	한 번에 섞어 먹어 빠름
입자 크기	자유롭게 키울 수 있음	죽 형태라 키우는 데 한계가 있음
재료의 함량	엄마가 조절할 수 있음	비율이 대부분 정해져 있음
유아식 적응	죽 이유식에 비해 쉬움	토핑 이유식에 비해 어려움

토핑 이유식의 장점

토핑 이유식의 장점은 아기에게 재료 고유의 맛을 느끼게 해줄 수 있다는 점이에요. 아기의 두뇌 발달이 한창 이뤄지는 이 시기에 미각을 자극시켜주면 두뇌 발달에 좋은 영향을 줄 수 있다고 해요. 또한 이유식을 그냥 삼키지 않고 씹어 먹는다는 장점도 있어요. 죽 이유식을 한 하율이와 토핑 이유식을 한 지율이를 비교해보면, 토핑 이유식을 한 지율이가 음식을 더 잘 씹고 잘 먹었어요. 죽 이유식을 했던 첫째 하율이는 15개월이 돼서도 제대로 씹지 않고 꿀떡꿀떡 삼키기만 했어요. 대체 언제 씹는 건가 싶을 정도로 밥도 그냥 삼키더라고요. 유아식을 시작했는데도 여전히 밥을 물이나 국에 말아 호로록 삼키는 것을 좋아했어요. 그런데 둘째 지율이는 입자가 본격적으로 생기는 중기 이유식부터 음식을 씹기 시작했어요. 오물오물하면서 입안에서 씹고 있는 모습을 보면 귀엽기도 하고 기특하기도 해요. 반찬을 떠서 숟가락을 입 앞에 가져다 주면 바로 열지 않고 씹어서 다 삼킨 후에 입을 여는 등, 스스로 씹고 삼키는 것에 아주 익숙했어요. 꿀떡 삼키는 것보다 소화도 더 잘됐을 거라 생각해요.

유아식 적응도 토핑 이유식을 한 둘째가 훨씬 더 잘했어요. 토핑이 이미 반찬 역할을 하고 있어서 입자 크기가 커도 거부감을 보이지 않았어요. 그래서 반찬에 적응하기도 더 쉬웠어요. 물론 호불호는 생겨서 싫어하는 재료는 있지만, 고형식에 완전히 익숙해진 것이죠. 반면에 부드러운 죽만 먹던 하율이는 먹었던 음식 외의 고형식에 거부감을 보였어요. 반찬을 입에 넣자마자 낯선 식감에 다 뱉어버려서 먹이기도 굉장히 힘들었어요.

그리고 재료마다 아기의 표정이 달라지는 모습을 보는 것도 즐거웠어요. 어떤 재료는 좋아서 입을 쩍쩍 벌리며 웃고 더 달라고 탕탕 식판을 내리치기도 하는데, 어떤 재료는 먹자마자 오만상을 찌뿌리면서 인상을 써요. 그 모습도 정말 귀엽더라고요.

무엇보다 제가 생각하는 토핑 이유식의 가장 큰 장점은 시판 이유식이나 밥솥 이유식보다 고기와 채소의 비율을 엄마가 원하는 만큼 양껏 올려줄 수 있다는 점이에요. 시판 이유식을 보면 채소가 들어 있기는 한지, 색깔만 냈는지 알 수 없을 정도로 적게 들어 있었고, 밥솥 이유식 역시 대부분 고기와 채소 비율이 정해져 있어서 딱 그 정도의 양만 넣게 돼 있더라고요. 그 이상 넣으면 죽이 아니라 이것저것 다 섞여 이유식이 이상해졌어요. 그런데 토핑 이유식을 하고 보니 밥솥 이유식에서 거의 일주일 동안 먹였을 채소를 하루에 다 먹이게 되더라고요. 고기도 마찬가지고요. 그러다 보니 분유를 잘 안 먹어서 말랐던 둘째가 포동포동 살도 찌고 먹성도 좋아졌어요.

또한 다 섞은 죽으로 이유식을 하면 새로운 재료에 알레르기가 생길 경우 만들어 둔 죽을 먹일 수 없어 죄다 버려야 했는데 토핑 이유식은 토핑만 다른 것으로 바꾸면 되니 알레르기 대처에도 편했어요.

마지막으로 융통성 있게 이유식을 할 수 있다는 점도 큰 장점이에요. 식단표에 있는 재료가 집에 없으면 다른 토핑을 얹어주면 되고, 너무 많이 만들어버린 큐브가 있다면 그 큐브를 자주 꺼내주면 된답니다. 이건 차차 알려드릴게요.

큐브 냉동하기

보통 큐브는 냉동해서 2주 정도 사용하라고 해요. 그런데 저는 그 기간 안에 모두 사용하기가 쉽지 않았어요. 저는 보통 3주에서 한 달까지도 사용해봤어요. 솔직히 말하면 어떤 재료는 그보다 조금 넘은 적도 있답니다. 대신에 일반 냉장고가 아닌 김치냉장고 1칸을 다 비워서 가장 낮은 온도로 설정해놓고 꽁꽁 얼렸어요. 이유식을 할 때 외에는 문을 열지 않아 조금 더 신선하게 보관할 수 있었어요.

냉동 브로콜리나 냉동 아보카도 같은 냉동 제품을 구입하면 유통 기한이 상당히 길어요. 냉동 요건만 잘 지킨다면 꽤 오래 보관할 수 있지만, 아기에게 먹일 것이기도 하고 냉동실을 여닫으면서 재료의 표면이 살짝 녹을 수 있기 때문에 보통은 사용 기한을 두고 먹이는 거랍니다.

식단표를 보고, 계획하고, 재료를 계량해서 아기가 먹을 큐브 개수를 정확하게 만들면 좋겠지만, 하다 보면 절대 그럴 수 없다는 것을 알게 될 거예요. 분명히 큐브가 모자라거나 남는 일이 생길 텐데, 만약 어떤 재료의 큐브를 생각보다 많이 만들어서 냉동실에 쌓여 있다면, 그 큐브를 자주 사용해서 빨리 소진하면 된답니다. 토핑이 반드시 3~4개여야 한다는 법은 없으니까요. 푸짐하게 진수성찬을 차려주면 돼요. 그러니 많이 만들어둔 큐브는 버리지 마시고 아기에게 자주 꺼내주세요. 양이 적게 나와서 모자란 큐브가 있다면 다른 비슷한 재료로 대체하면 되니, 그것 역시 걱정 안 해도 돼요.

그럼 큐브를 냉동해볼게요. 완성된 큐브는 한 김 식으면 냉동실로 옮겨주세요. 한 김 식으면 죽 큐브 같은 재료는 조금 퍼질 수는 있지만, 냉동실에 있는 다른 재료를 보호할 수 있어요. 뜨거운 재료를 냉동실에 넣으면 꽁꽁 언 다른 큐브들이 살짝 녹을 수 있고, 또한 냉동실에 성에가 낄 수 있어요. 재료를 신선하게 보관하기 위해 뜨거운 음식을 바로 냉동실에 넣는 것은 피하는 게 좋아요. 냉동한 재료는 다음 날 큐브에서 꺼내서 밀폐 용기로 옮겨 담아 보관하면 돼요. 큐브째로 보관하고 싶다면 밀폐 기능이 있는 큐브를 사용하면 되지만, 그러면 필요한 큐브 개수가 어마어마해질 거예요.

재냉동은 세균 번식의 위험 때문에 권장하지 않아요. 하지만 가끔 냉장실로 미리 옮겨 해동해둔 토핑을 사용하지 못할 때가 있어요. 그럴 때는 그다음 날 아침 일찍 그 토핑을 먹이면 돼요. 그 이상 넘어가면 저는 과감하게 버렸어요. 세균 문제도 있지만 재냉동을 하면 음식의 풍미와 식감이 떨어질 수 있으니 추천하지 않아요.

큐브 해동하기

꽁꽁 얼린 큐브는 아기에게 먹이기 전날 냉장실로 옮겨두세요. 어떤 집은 아빠가 냉장고에 붙어 있는 식단표를 보고 미리 꺼내두더라고요. 어떤 엄마는 냉동실에서 꺼내 바로 중탕하기도 하는데 크게 상관은 없어요. 하지만 냉장실에서 천천히 해동 하면 풍미와 질감이 유지돼 아기에게 더 맛있는 이유식을 줄 수 있어요.

냉장실에서 어느 정도 해동된 큐브는 중탕을 하면 가장 좋지만, 바빠서 시간이 촉 박할 때는 전자레인지도 괜찮아요. 전자레인지를 사용한다고 전자파 때문에 음식의 영양소가 파괴되는 것은 아니에요. 다만 전자레인지를 사용해서 음식이 가열되면, 그 열 때문에 영양소가 파괴될 수는 있어요. 하지만 살짝 데우는 정도로는 음식이 아

주 뜨거워지는 게 아니기 때문에 크게 신경 쓰지 않아도 돼요.

다만 전자레인지로는 음식이 골고루 데워지지 않으니, 감안해서 조금 더 데웠다가 전체적으로 한 김 식은 후 먹이는 것이 좋아요. 저도 초기에는 중탕기를 많이 이용했는데 후기로 갈수록 양이 많아지다 보니 간편한 전자레인지를 사용하게 되더라고요. 때로는 찜기로 데우기도 했어요. 전자레인지를 사용할 때는 큰 실리콘 큐브 4구에 각각 넣어서 뚜껑을 살짝 덮고 해동하는 방법도 있고, 전자레인지 용기에 죽과 토핑을 덮밥처럼 얹어놓고 해동하는 방법도 있어요. 그리고 3절 반찬 용기에 각각 넣어서 해동할 수도 있으니 편한 방법으로 하세요. 엄마가 편한 방법으로 해야 이유식을 성공적으로 완주할 수 있어요.

토핑 이유식으로 외출하기

장시간 외출할 때는 시판 이유식의 도움을 받는 분도 많아요. 저는 그게 나쁘다고 생각하지 않아요. 하루 이틀 정도는 그럴 수 있으니 편한 방법을 찾으세요. 저는 엄마가 육아를 편하게 하는 것이 아기에게도 엄마에게도, 심지어 아빠에게도 좋다고 생각해요. 하지만 번거로워도 엄마가 직접 만든 토핑 이유식을 가지고 외출하고 싶다면 제가 했던 방법을 알려드릴게요.

지율이 초기 이유식 때 2일 동안 시댁에 가게 됐어요. 아기에게 총 네 번 먹일 이유식이 필요해서 칸칸이 나누어진 용기에 큐브를 넣고 보냉 가방에 챙겨갔어요. 물론 죽은 200mL 유리 용기에 따로 챙겼지요. 그날과 다음 날 먹일 이유식이라 도착하자마자 냉장실에 넣어서 천천히 해동시켰어요. 지금 생각해보면 시댁이나 친정에 갈 때는 토핑만 챙기고 죽은 필요한 끼니만큼 밥으로 간단하게 바로 끓여도 됐을 것 같아요.

밀폐가 되는 용기에 죽과 큐브를 덮밥 형태로 담아서 외출했다가 그대로 전자레인지에 해동해서 먹일 수도 있어요. 저도 토핑 이유식을 챙겨서 외출하는 것은 다 섞은 죽을 챙기는 것보다 약간 번거로워서, 외출해서 한 끼 정도 먹일 때는 그냥 보온 죽통에 덮밥 형식으로 넣었어요. 즉, 죽과 큐브를 미리 해동하고 데워서, 보온 죽통에 죽을 넣고 그 위에 토핑을 덮밥처럼 얹어 뚜껑을 닫고 그대로 가지고 외출했어요. 약간 섞이긴 하지만 그 정도는 괜찮아요. 섞이는 것이 싫다면 밀폐되는 4구 큐브에 토핑을 각각 넣고 큐브째로 전자레인지에 데워도 된답니다. 집에서 이유식을 먹이고 바로 외출한다면 3~4시간 후에 먹을 이유식을 챙겨 나갔어요. 바로 집에 돌아오지 못할 상황이면 간식이나 분유를 챙겼어요. 그럼 5~6시간 정도는 거뜬히 외출할 수 있었어요.

시판 이유식 활용하기

이유식을 하다가 도저히 버거워서 진행할 수 없다면 망설이지 말고 시판 이유식을 활용하세요. 책을 쓰는 저도 중간중간 시판 이유식의 도움을 받은 적이 있어요. 엄마가 편한 이유식이 제 모토이기 때문에, 힘들고 시간에 쫓기면 며칠 정도는 시판 이유식을 주문했어요.

시판 이유식을 그대로 줄 수도 있고 활용해서 토핑 이유식을 진행할 수도 있어요. 보통 시판 이유식은 재료가 다 섞인 죽 형태로 돼 있기 때문에 베이스 역할을 해요. 그래서 시판 이유식을 베이스로 하고 냉동실에 있는 토핑을 꺼내서 주면 영양 만점 토핑 이유식이 된답니다.

우리가 토핑 이유식을 하려는 이유는 다양하지만, 가장 중요한 이유는 재료의 비율 때문이라고 생각해요. 고기와 채소를 듬뿍 먹이고 싶은 엄마의 마음을 시판 이유식은 만족시키지 못하거든요. 그럴 때 시판 이유식에 소고기 토핑을 내놓아도 좋고, 당근, 청경채 등 손질하기 쉽고 편한 채소 토핑을 대량으로 냉동해놨다가 같이 내놓아도 된답니다. 배달 이유식의 위생이 걱정된다면 채수나 물을 넣고 냄비에서 한 번 끓이면 세균 걱정 없이 먹일 수 있어요.

이유식을 만들어주다가 시판 이유식으로 전향한다고 너무 자책하지 마세요. 이유식을 사 먹이면서 남는 시간에 아기와 함께 놀아주며 진한 사랑을 보여주고, 여유 있을 때 맛있는 간식을 만들어주면 되니까요.

TIP 배달 이유식

시판 이유식 중에서 배달 이유식은 문앞까지 직접 배달받는 이유식으로, 보통 일정을 관리할 수가 있어요. 7일 치를 주문했다고 일주일 내내 배달 이유식을 먹여야 하는 것은 아니에요. 7회를 받을 수 있기 때문에 일주일에 1회로 일정을 변경하면 7주 동안 먹일 수 있어요. 하지만 배달이 번거롭다면 실온 이유식을 예비로 구매해두는 것도 괜찮아요.

수유와 이유식,
양은 어떻게 조절할까요

아래는 하율이와 지율이가 이유식을 했을 당시의 수유량과 이유식량이에요.

구분	초기	중기	후기	완료기
월령	6개월	7~8개월	9~11개월	12개월 이후
수유량 (하루 기준)	돌 전 최소 권장 수유량 500~600mL			
	800mL	700mL	600mL	400~500mL
이유식량 (한 끼 기준)	80g (처음은 한 숟가락부터)	150g	200g	200g

아기마다 먹는 양이 달라서 모든 아기가 이 표대로 먹는 것은 아니지만, 소아청소년과 의사 선생님들이 돌 전에는 최소 수유량으로 500~600mL 정도를 권장해요. 아직은 아기가 분유를 먹으면서 성장과 발달이 이뤄져야 하기 때문이에요. 그 후 아기가 유아식을 시작하게 되면 밥을 잘 먹는 아기는 400mL 정도, 잘 안 먹는 아기는 500~600mL 정도 우유를 먹일 수 있다고 소아청소년과 의사 선생님이 이야기해주셨어요. 우유를 먹이는 것은 성장기 아기에게 칼슘을 보충해주기 위해서예요. 치즈

나 요거트로 대체할 수 있지만, 치즈는 나트륨이 들어 있기 때문에 보통은 먹이기 편하고 칼슘 흡수가 잘되는 우유를 권장해요.

하율이와 지율이는 이유식 시작 시기 분유 수유량이 800mL, 중기에는 700mL, 후기에는 600mL 정도였어요. 이유식 카페를 운영하다 보니 이유식량과 수유량이 합쳐서 1,000mL를 넘으면 안 되냐는 질문을 많이 하더라고요. 이유식을 시작한 이상 1,000mL라는 숫자는 이제 의미가 없어요. 간식까지 다 용량을 재서 제한할 건 아니니까요. 1,000mL라는 용량은 비만과 연관이 있으므로 아기의 몸무게와 성장 추이를 잘 지켜보면서 엄마가 양 조절을 해주면 되는 거예요. 저희 아이들은 8~9개월쯤부터 하루 평균 1,100~1,200mL 정도 먹었어요(분유 600mL+이유식 600g).

분리수유와 이유식량 늘리기

이유식은 한 숟가락부터 시작해서 조금씩 늘려보세요. 아기가 한 끼에 받아먹는 양이 50~70g 사이가 된다면, 두 끼로 늘려주면 돼요. 그리고 점차 양이 늘어서 100g이 넘어간다면 세 끼로 늘려주면 되는데요, 이렇게 끼니를 늘리는 이유는 아기가 하루에 먹는 이유식의 양이 갑자기 확 늘어나지 않게 하기 위해서예요. 아기가 부담스러워 할 수 있거든요. 50g일 때 두 끼로 늘린다면 하루에 먹는 이유식이 50g이 더 늘어난 것이지만, 100g이 넘었을 때 두 끼로 늘린다면 하루에 먹는 이유식이 갑자기 100g이나 늘게 되는 셈이거든요. 그런데 이 시기의 아기에게 50g과 100g의 차이는 상당하니, 적당한 양이 됐을 때 끼니를 늘리는 것이 아기가 부담을 느끼지 않도록 자연스럽게 늘리는 방법이랍니다.

이렇게 끼니가 잘 늘어나면 잘 먹는 아기는 초기 이유식 마지막쯤에는 벌써 100g씩 세 끼를 먹는다고 해요. 하지만 이건 정말 잘 먹는 아기의 기준일 뿐, 우리 아기에게 맞춰서 천천히 진행하면 돼요.

한 끼에 100g 넘는 시점이 보통 중기 이유식 때인데, 이때부터 분리수유가 가능해져요. 다만 뱃구레가 큰 아기에게 100g을 먹인 후 분리수유를 한다며 분유를 주지 않으면, 아기는 배가 부르지 않아 짜증낼 수 있어요. 그런 경우 분유와 이유식 사이에 간식을 주면서 시간을 벌 수도 있고, 아니면 이유식량이 120~150g까지 늘면 그때 분리수유를 할 수도 있어요. 반드시 100g에 해야 하는 것은 아니니, 아기에게 맞춰서 분리수유를 하면 돼요.

분리수유를 하게 되면 이유식과 수유의 간격은 약 2~3시간 정도 두면 돼요. 하율이와 지율이는 이유식과 이유식 사이는 3시간 반~4시간, 이유식과 수유는 약 2~3시간 정도의 간격을 뒀어요.

토핑 이유식으로 양을 늘릴 때는 이런 방법을 쓰면 편해요. 이 책에는 큐브가 mL 단위로 돼 있어 mL로 적었지만, 단순히 늘리는 방법이니 g으로 계산해도 돼요.

- 쌀 30mL
- 쌀 30mL + 토핑 1 15mL
- 쌀 30mL + 토핑 1 15mL + 토핑 2 15mL
- 쌀 30mL + 잡곡 15mL + 토핑 1 15mL + 토핑 2 15mL + 토핑 3 15mL
- 쌀 60mL + 잡곡 30mL + 토핑 1 15mL + 토핑 2 30mL + 토핑 3 30mL

위 내용은 단순 예시이니 그대로 따라 하지 말고 이런 식으로 늘리면 된다는 감만 잡으세요. 아기마다 먹는 양이 다르므로 공식처럼 늘려갈 수 없어요. 토핑을 늘렸더니 죽이 너무 적은 것 같으면 죽 토핑을 2개 꺼내거나 토핑 크기를 더 크게 만들면 돼요. 고기, 채소 토핑 역시 큐브 개수를 늘리거나 큐브 크기를 키우는 식으로 전체적인 이유식량을 늘려가면 된답니다. 간단하게 토핑 개수를 하나씩 더 늘리는 것도 이유식량을 맞추기 편한 방법이에요. 만약 20mL를 늘리고 싶은데 딱 맞게 추가할 만한 큐브가 없다면, 30mL 큐브를 하나 꺼내주고 다 못 먹이면 남기면 돼요. 아기가 50mL를 먹는다고 반드시 이유식을 50mL에 딱 맞춰서 만들 필요는 없어요. 넉넉하게 주고 남기면 돼요. 특히 이유식량이 쭉쭉 늘어나는 초·중기에는 아기가 먹는 양보다 항상 조금 더 넉넉하게 만들어주세요.

그리고 토핑 이유식은 죽과 토핑의 비율이 딱 정해져 있지 않으므로 엄마가 융통성 있게 조절하면 돼요. 사람마다 밥과 반찬을 먹는 비율이 다른 것처럼, 아기들이 채소를 좋아하면 채소를 양껏 먹이면 돼요. 하지만 소고기는 최소 요구량이 있으니 지켜야 해요. 뒤에서 더 자세히 이야기할게요.

베이스와 토핑의 비율

토핑 이유식은 베이스와 토핑의 비율이 정해져 있지 않지만, 보통 5:5 또는 6:4 비율로 많이 해요. 소고기는 아기의 철분 부족을 염려해 최소 요구량이 정해져 있으니 그 이상을 먹이면 되고, 채소는 큰 제한 없이 먹일 수 있어서 딱히 정해진 방식은 없어요.

지율이 이유식의 비율을 알려드릴게요. 비율에는 정답이 없으니 참고만 하시고 자유롭게 진행하세요.

○ 베이스 30g + 토핑 15g 2개 = 60g
○ 베이스 60g + 토핑 15g 3개 = 105g
○ 베이스 80g + 토핑 15g 4개 = 140g
○ 베이스 100g + 토핑 20g 3개 = 160g

○ 베이스 100g + 토핑 20g 4개 = 180g

○ 베이스 100~120g + 토핑 30g 3~4개= 190~240g

저는 보통 고기 토핑 1개와 채소 토핑 3개, 총 4개의 토핑으로 진행했지만, 이유식 량을 늘릴 때는 토핑 개수를 3개로 줄이기도 하고 5개로 늘리기도 하면서 자유롭게 양을 조절했어요. 이게 토핑 이유식의 또 다른 장점인 것 같아요.

TIP mL와 g

mL(밀리리터)는 부피를, g(그램)은 무게를 재는 단위로 서로 달라요. 액체는 mL로 계량하고 보통 고 체는 g을 사용해요. 순수한 물 100mL는 100g과 똑같아요. 하지만 질량이 큰 당근 같은 재료를 100mL 용기에 넣으면 무게는 100g보다 더 무거워질 거예요. 반대로 질량이 낮은 가지 같은 재료를 100mL 용기에 넣으면 당근보다 더 가볍겠지요? 후기에서 완료기쯤 30mL 큐브에 적당한 입자의 토 핑을 넣으니 20g이 나왔어요. 익힌 소고기는 후기 입자 크기로 50mL 큐브에 넣었더니 30g이 나왔 어요. 대략적으로 어느 정도 차이가 있는지 알 수 있었지만 초·중기 때는 크게 신경 쓸 정도의 차이는 아니었어요. 하지만 후기~완료기에는 입자 크기가 커져서 큐브에 들어가는 토핑의 양이 눈에 띄게 줄 어든답니다. 30mL 큐브에 당근을 완전히 갈아서 넣는 것과 1cm 정도 크기의 큐브 형태로 넣는 것의 차이를 생각해보면 이해가 갈 거예요.

저울을 이용해 무게를 재는 것이 입자 크기가 커져도 일정하게 줄 수 있고 확인하기도 더 편해서, 이유 식량을 확인할 때는 g으로 맞춰서 진행했어요. 이유식량은 수유량처럼 정확하게 파악할 수도 없고 그 래야 하는 것도 아니니, 엄마가 편한 단위로 통일해서 아기가 어제보다 더 먹었는지 덜 먹었는지 정도 만 파악할 수 있으면 돼요.

정리하면, 물 100mL = 100g이고 그 외의 음식은 다를 수 있지만, 입자 크기가 작은 초·중기에는 크 게 신경 쓸 정도는 아니니, 둘이 같다고 생각하고 만들어도 무방해요. 어차피 후기, 완료기에 가면 크 게 신경 쓰이지는 않으실 거예요.

토핑 이유식 입자 크기 키우기

토핑 이유식 카페를 운영하다 보면 이런 질문을 꽤 많이 받아요. "중기에 들어왔는데 기존에 만들었던 토핑은 입자 크기가 너무 작아요. 버리고 다시 만드나요?" 제 대답은 "아니요"랍니다. 모든 재료의 입자 크기를 균등하게 키워야 한다면 정말 이유식 만들기가 힘들어질 거예요. 그리고 재료를 미리 손질해서 큐브에 담아 냉동하는 방법으로는 절대 그렇게 할 수가 없어요.

입자 크기는 이렇게 키우면 편해요. 우선 베이스의 입자 크기는 이유식을 진행하면서 키워주세요. 초기에는 곱게 간 죽 형태로, 중기 1단계에는 쌀알 1/3 정도 크기로, 중기 2단계에는 쌀알 1/2 크기로, 그리고 후기부터는 온전한 밥알을 먹을 수 있도록 해주세요.

토핑은 아기에게 주는 것 중에 적어도 1개는 입자 크기를 살려서 주기로 해요. 나머지 2~3개는 기존에 있는 토핑을 사용하기 때문에 입자 크기가 완전히 일치할 수 없어요. 새로운 재료는 3일마다 추가되기 때문에 어차피 3일에 한 번 만들면서 입자 크기를 조절해줄 수 있어요. 자주 사용하는 당근이나 무처럼 형태가 잘 유지되는 재료를 1~2주에 한 번 만들어서 입자 크기를 키워주면 편하고, 눈으로 확인할 수 있어 좋아요. 다른 재료들은 기존에 만들어둔 형태대로 꺼내서 주세요.

입자 크기는 계속해서 키우는 것이 아니에요. 아기가 고형식에 적응했다면 이제 아기가 먹기 편한 입자 크기로 유아식을 진행하면 돼요. 지율이는 이미 10개월에 바나나 덩어리를 손에 쥐고 잘라 먹을 정도로 고형식에 적응했어요. 당근도 익혀서 0.7cm 정도의 큐브로 잘라주면 곧잘 집어먹었답니다. 그렇다고 계속 크기를 키워가지 않아요. 저는 이 정도 됐으면 고형식은 어느 정도 익숙해졌다 판단하고, 이제는 아기가 편하게 먹을 수 있는 입자 크기로 고정해서 줘요. 잡고 먹을 수 있는 재료는 크게 주고, 꼭꼭 씹어야 하는 버섯이나 고기는 아직도 잘게 잘라준답니다.

주요 이유식 재료를
알아볼까요

　예전에는 아기 개월 수마다 먹일 수 있는 재료가 정해져 있었고, 그 재료에 맞게 이유식을 진행했어요. 그런데 지금은 초기부터 대부분의 재료를 사용할 수 있게 됐어요. 그래서 식단표도 초·중·후기에 얽매이지 않고 거의 모든 재료를 사용해서 자유롭게 구성해도 괜찮아요.

　이제 꿀과 우유 외에 아기 이유식에 딱히 제한되는 음식은 없어요. 돌 이후에 먹이라던 땅콩 역시 소스 형태로 6개월부터 먹일 수 있다고 바뀐 지 오래됐어요. 오히려 빨리 노출할수록 알레르기를 일으킬 확률이 낮아진다고 해서, 유전력이 있거나 동전 습진이 있다면 소아청소년과 의사 선생님과 상의해서 미리 노출시키는 추세랍니다.

　다만 알아둬야 할 게 있어요. 고기와 생선을 먹일 때는 기름기가 적은 것(고기: 안심류, 생선: 흰살생선류)으로 시작해야 해요. 또 이유식에는 김이나 미역 등 아이오딘(요오드)이 너무 많이 들어 있는 해조류, 조개와 멸치같이 짠 음식은 소량만 사용하거나 배제해야 해요. 그 외에 참기름이나 마늘 등은 중기부터 아주 조금씩 첨가해볼 수 있어요.

　당근, 배추, 시금치, 청경채 등 질산염을 포함하고 있는 재료는 생후 만 6개월인 180일이 지난 후에 넣어주세요. 질산염은 아주 어린 아기의 철분 흡수를 방해해 빈

혈을 유발할 수 있다는 연구가 있어요. 그래서 180일 이전에 질산염을 포함하고 있는 재료를 주면, 빈혈을 일으킬 수 있어요. 질산염은 신선한 재료를 사용하고, 물에 데쳐서 물에 녹아들게 함으로써 줄일 수 있어요. 그리고 만 6개월인 180일이 지나면 질산염은 크게 신경 쓰지 않아도 되니 걱정 마세요.

TIP 질산염이 포함된 채소

- 질산염이 많이 포함된 채소: 상추, 청경채, 당근, 배추, 시금치, 쑥갓, 케일, 치커리, 취나물, 열무, 샐러리
- 질산염이 포함된 채소: 양배추, 오이, 수박, 참외, 딸기, 방울토마토, 호박, 무, 비트

✦ 고기

아기는 만 6개월이 되면 엄마에게서 받아 몸에 저장한 철분이 거의 다 소진된답니다. 그래서 소고기는 180일이 지나면 쌀 다음으로 바로 먹여요. 초기 쌀죽을 3일 동안 먹인 후 철분이 함유된 오트밀을 재료로 쓰거나

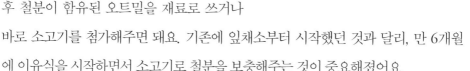

바로 소고기를 첨가해주면 돼요. 기존에 잎채소부터 시작했던 것과 달리, 만 6개월에 이유식을 시작하면서 소고기로 철분을 보충해주는 것이 중요해졌어요.

고기는 초기부터 소고기로 시작해서 닭고기, 돼지고기까지 사용할 수 있어요. 다만 세 가지 고기류 전부 기름기가 가장 적은 안심 부위를 많이 사용해요. 소고기 안심은 비싸서 부담된다면 기름기가 적은 꾸리살, 우둔살, 홍두깨살, 설도 등으로 대신할 수 있어요. 수입육이나 냉동육을 사용해도 괜찮아요. 대신 핏물을 제거할 때 철분이 다 빠져나가지 않도록 키친타월로 꾹꾹 눌러주는 정도만 해주세요.

소고기는 아기에게 맛있는 것을 먹이고 싶어도 1^{++}이나 1^{+}보다는 기름기가 더 적

은 2등급이 적당해요. 등급이 올라갈수록 지방이 많아 식감은 좋지만 아기에게는 맞지 않아요.

닭고기는 가슴살과 안심 모두 사용할 수 있지만, 제가 두 가지 모두 사용해보니, 안심이 조금 더 부드럽고 맛있었어요. 그래서 초반에는 안심을 추천해요. 돼지고기 역시 시작은 안심을 사용하면 돼요. 단, 돼지고기는 소고기나 닭고기에 비해 알레르기 반응이 있는 편이므로 잘 관찰해주세요. 하율이도 돼지고기 알레르기 반응을 보였는데, 한 달 정도 쉬고 다시 먹였더니 다행히 괜찮아졌어요.

생고기 기준으로 하루 권장량은 아래 표를 참고하면 되는데요, 다만 철분은 닭고기보다는 붉은 고기인 소고기나 돼지고기를 기준으로 생각해주는 것이 좋아요. 단, 숙성육은 사용하지 마세요. 고기가 숙성될수록 신선도는 상대적으로 떨어지기 때문이에요. 더 나아가 부패 위험도 있어요.

♥ 생고기 기준 하루 권장량

만 6개월	만 7~8개월	만 9~11개월	12~18개월
10g	10~20g	20g	30~40g

TIP 철분

철분은 비타민 C와 함께 섭취할 때 흡수력이 높아져요. 고기를 먹일 때 비타민 C가 풍부한 피망, 브로콜리, 딸기, 귤, 오렌지 같은 과일을 곁들여준다면 아기의 철분 흡수를 높여줄 수 있어요. 그래도 철분량이 걱정된다면 오트밀 등 철분이 강화된 곡물을 먹이면 도움이 돼요.

✦ 해산물

생선은 단백질이 풍부하고 오메가 3 지방산도 다량 들어 있어 아기의 두뇌 발달에 도움을 줘요. 또한 무기질도 많이 들어 있답니다.

생선은 흰살생선으로 시작해서 중기부터는 등푸른생선도 먹일 수 있어요. 흰살생선은 등푸른생선에 비해 비린내가 적고 지방 함량이 낮아 맛이 담백해요. 다만 생선에는 수은과 환경 호르몬이 있을 수밖에 없어 권장량이 정해져 있어요. 가능한 한 맑은 물에서 잡히는 기름기 없는 생선으로 주세요. 원양산도 괜찮아요. 참고로 장어 같은 생선은 기름기가 매우 많아서 이유식으로 좋지 않아요.

식품의약품안전처에서는 다랑어, 새치류 등을 제외한 일반어를 만 1~2세는 일주일에 최대 100g까지만 먹이도록 권장하고 있어요. 하지만 이유식 시기인 만 0세에는 얼마나 먹여야 한다는 지침이 없어서, 저는 익히기 전 기준으로 생선을 15~20g 정도씩 일주일에 2~3회(총 50g 이내) 먹였어요. 생선뿐만 아니라 새우, 어패류 모두 다 포함해서 생각했어요. 다랑어 같은 큰 생선은 피하고 날생선(회)은 만 5세가 되기 전에 주지 않도록 해요. 또한 생선은 아기의 뇌 신경계 발달이 완성되는 11세가 될 때까지 어느 정도 조절해주는 것이 좋아요.

TIP 흰살생선과 등푸른생선

- 흰살생선: 광어, 도미, 대구, 명태, 가자미, 도다리, 전어, 우럭, 연어, 송어, 조기, 갈치
- 등푸른생선: 고등어, 가다랑어, 청어, 정어리, 삼치

연어는 색소 때문에 붉은색을 띨 뿐 흰살생선에 속해요. 하지만 기름기가 많아 초기 이유식에는 사용하지 않았어요.

✦ 잡곡

초기 이유식부터 오트밀, 현미, 보리, 차조, 수수, 퀴노아 등 다양한 잡곡을 아기에게 줄 수 있게 됐어요. 단, 잡곡을 줄 때 유의할 점은 50%를 초과하지 않도록 하는 점이에요. 아직 소화 기관이 약한 아기들에게 50%가 넘는 통곡식은 부담이 될 수 있다고 해요. 따라서 잡곡만으로 이유식을 만들면 아기 몸에 영양소의 흡수가 어려울 수 있고, 소화가 더뎌 배가 부른 탓에 양이 쉽게 늘지 않을 수 있어요. 저는 아침에도 거의 토핑 이유식을 진행했지만, 가끔 아침 이유식을 간단히 오트밀로 주고 싶을 때는 나머지 두 끼 중에 한 끼는 쌀로만 하거나 두 끼 모두 잡곡을 30% 정도만 넣어 하루 총 잡곡의 비율을 50% 이하로 맞춰줬어요.

이렇게 잡곡으로 이유식을 하는 이유는 장기적으로 아기의 식습관과 건강을 지켜주고자 함인데요, 이유식이 끝났다고 쌀밥으로만 유아식을 하게 된다면 아무 의미가 없겠지요. 그래서 엄마·아빠도 잡곡을 같이 먹는 것이 중요해요. 우리 가족은 평상시에도 30% 정도 잡곡을 섞어 먹기 때문에 지율이도 그에 맞춰서 30% 정도만 섞었어요.

✦ 채소

채소에는 식이섬유가 많이 들어 있다 보니 초기 이유식으로 먹기에는 질감이 강하고 뻣뻣한 것들이 많아요. 그래서 저는 핸드블렌더를 이용해서 아주 곱게 갈아 채소를 먹기 시작했어요. 그렇다고 체에

거르지는 않았어요. 초기여도 어느 정도 입자감은 느낄 수 있어야 하니까요. 그리고 씨나 껍질을 벗겨야 하는 번거로운 손질이 필요한 채소는 최대한 후반부로 미뤄서 손질하지 않고 껍질째, 씨째 먹였어요. 대부분의 껍질에는 영양소가 많이 들어 있어, 굳이 어렵게 손질하면서 버릴 이유는 없다고 생각했답니다.

채소는 알록달록하게 구성해서 다양한 재료를 먹을 수 있도록 해주면 좋아요. 저는 뿌리채소(당근, 무, 우엉, 비트, 연근), 줄기채소(근대, 아스파라거스), 잎채소(양배추, 배추, 청경채, 비타민, 시금치), 열매채소(토마토, 아보카도, 파프리카, 가지, 단호박, 애호박, 오이), 꽃채소(브로콜리, 콜리플라워)를 골고루 먹일 수 있는 식단표를 짜려고 노력했어요. 색깔을 알록달록하게 구성하면 영양소가 골고루 포함된다고 하니 참고하세요.

✦ 과일

과일도 매일 주면 좋아요. 다만 지나치게 달콤한 과일은 이유식 거부를 일으킬 수 있어 같은 과일이라도 너무 달지 않은 것을 주는 것이 좋아요.

과일은 신선한 제철 과일 위주로 주고, 어렵다면 냉동 과일도 괜찮아요. 영양소 차이는 별로 없어요. 오히려 블루베리 같은 과일은 냉동하면 항산화 물질이 더 많아진다는 연구가 있어요. 다만 블루베리를 먹으면 아기 변이 까맣게 나올 수 있는데, 이는 정상이니 너무 놀라지 마세요. 하지만 과도하게 먹으면 설사를 하기도 해서 돌 전에는 5알 이내로 먹였어요.

지율이는 간식으로 딸기, 사과, 배, 아보카도, 바나나, 수박, 자두, 샤인머스캣, 오렌지, 복숭아, 망고 등을 먹었어요.

✦ 유제품

돌 전에는 우유를 제외한 요거트와 치즈를 먹일
수 있는데, 치즈는 나트륨이 있어 지율이의
경우 돌 전에는 거의 먹이지 않았어요. 요거트
는 첨가된 것이 하나도 없는 순수 플레인 요거
트를 먹이면 된답니다. 그릭요거트도 괜찮지만
뻑뻑해서 아기가 먹기 힘들어할 거예요. 요거트를
잘 안 먹는다면 블루베리나 사과, 아보카도 등을 넣어서 같이 주면 잘 먹어요. 후기쯤
돼서 덩어리를 잘 먹는 시기가 되면 요거트 위에 블루베리나 바나나 토핑을 얹어주
세요. 간단하고 맛있는 간식이 돼요.

> **TIP** 요거트 만들기
>
> 집에서 요거트를 만들어 먹일 수 있어요. 밥솥이나 분유 포트 또는 요거트 메이커 등을 활용하면 쉽고
> 편하게 요거트를 만들 수 있으니 한번 해보세요. 우유 1통(900mL)에 시중에 파는 마시는 플레인 요거
> 트 150mL를 섞으면 된답니다. 다만 우유는 저지방 우유를 쓰지 말고, 요거트는 단맛이 없는 '불가리
> 스' 같은 발효유를 사용하세요. 밥솥에 넣고 2시간 보온 후 8시간 정도 방치해두면 간단하게 요거트
> 가 완성돼요. 완성된 요거트를 면포에 싸서 유청을 분리해주면 꾸덕한 그릭요거트도 만들 수 있어요.
> 저는 그냥 완성된 상태의 요거트를 주거나, 그 위에 과일을 얹어서 먹였어요.

✦ 물

이유식을 시작하면 아기에게 보리차를 먹이는 엄마들이 많아요.
저는 하율이에게는 보리차를 한 번도 주지 않았어요. 찬 성질이 있
다는 보리차를 굳이 줄 이유가 없어서, 분유 포트에 끓였다가 식힌
물을 수시로 줬어요. 그런데 둘째 지율이는 맹물을 잘 안 마시려고

하다라고요. 그래서 보리차를 주니까 조금 먹길래 보리차를 줬어요.

물은 환경과 아기의 활동량, 몸무게, 수유량 등에 따라 섭취해야 하는 양이 달라져요. 이유식을 시작한 초기를 제외하고 분유량이 줄어든 중기 이후부터 돌 전까지는 수유량이 있기 때문에 아기마다 다르지만, 대략적으로 하루에 100mL 내외면 적당히 물을 먹이고 있다고 생각하면 된다고 해요. 다만 만 6개월 이전 아기에게는 모유나 분유로도 충분하니, 물을 따로 먹이지 않는 것이 좋아요. 만 6개월 미만의 아기가 물을 많이 마시면 오히려 체내 나트륨 농도가 낮아져 문제가 생길 수 있어요. 만 6개월 이후라도 이유식을 먹기 전에 물을 너무 많이 먹으면 이유식을 잘 안 먹을 수 있으니 그 시간을 피해서 주면 좋아요.

TIP 빨대컵 연습시키기

만 6개월쯤부터 빨대컵으로 물을 마실 수 있게 연습시켜주면 좋아요. 빨대컵은 기다란 대롱을 제거하고 연습시키면 아기가 빨리 적응할 수 있어요. 빨대컵이랑 친해지도록 며칠 가지고 놀게 한 후 대롱을 빼고 빨아보게 했어요. 그렇게 몇 번 하다 보면 2주쯤 지나면 완벽하게 마실 수 있어요.

빨대컵 연습시키는 법 ▲

이유식 재료 궁합

식단표를 짤 때 엄마들이 가장 신경 쓰는 것 중 하나가 바로 재료 궁합이에요. 그런데 재료 궁합을 생각하면서 아기 밥상을 차리다 보면 식단표가 너무 단조로워질 수도 있고 머리가 지끈거린답니다. 그래서 궁합이 좋은 것보다는 궁합이 좋지 않은 재료를 확인하고 식단표를 짜면 좋아요.

하지만 개인적인 생각으로는 재료 궁합에 너무 신경 쓰지는 않으면 좋겠어요. 첫째와 둘째를 키우면서 궁합에 관계없이 이유식을 만들어 먹였지만 큰 문제는 없었답니다. 소아청소년과 의사 선생님도 굳이 신경 쓰지 말고 골고루 먹이고 식습관을 잘 잡는 데 더 집중하라고 말씀하셨어요.

궁합이 안 맞는 재료는 '비타민 C가 파괴된다' '소화가 더딜 수 있다' 등의 이유로 같이 먹지 말라고 해요. 그런데 무와 당근, 당근과 오이, 시금치와 두부처럼 익혀 먹으면 영양소가 파괴되지 않는 재료도 있어서 무조건 안 되고 큰일 나는 나쁜 궁합은 세상에 거의 없다고 봐도 된답니다. 매일 그것만 먹는 것도 아니고 몇 번 먹어서 탈이 나거나 몸에 안 좋은 음식 조합이 있다면 이미 모두가 상식으로 알고 있어야 할 거예요. 그러니 이유식 재료 궁합으로 고민하고 힘들어하지 않으시면 좋겠어요. 성인 역시 궁합을 다 챙기면서 요리를 하지 않으니까요.

미역을 이용한 식단이 없는 이유

미역은 아이오딘(요오드)이 풍부해요. 미역국은 산후조리 음식으로 내놓는 편이지만 아이오딘을 너무 많이 섭취할 수 있어 삼시 세 끼 미역국을 먹는 것을 권장하지 않아요. 그만큼 미역에는 아이오딘이 많이 들어 있답니다.

'2020 한국인의 영양섭취 기준'에서 말하는 6~11개월 아기의 아이오딘 섭취량은 하루에 180㎍, 최대 섭취량은 250㎍인데요, 아이오딘은 김, 달걀, 우유, 분유나 모유에도 들어 있지만 건미역과 건다시마에 가장 많이 들어 있어요.

전 세계 아동을 대상으로 아이오딘 섭취 상태를 파악한 자료를 보면 131개국 중 우리나라를 포함한 10개국만이 초과 상태를 보였다고 해요(Iodine global network.

Global scorecard of iodine nutrition in 2020).

아기가 모유나 분유를 하루 800mL 정도 먹고 다른 식품에서 아이오딘을 하나도 섭취하지 않는다고 가정했을 때 0.3g 이하의 건미역을 사용해서 먹이면 적정 아이오딘을 섭취할 수 있지만, 계량하기 너무 힘들어요.

하지만 다른 음식에도 꽤 들어 있기 때문에 굳이 아주 소량의 미역을 사용해가면서까지 이유식에 넣고 싶지 않았답니다. 그래서 이 책의 식단표에는 미역을 사용하지 않았어요.

TIP 재료 100g당 함유된 아이오딘

- 건미역: 29,098μg
- 달걀: 65μg
- 마른 멸치: 89μg
- 분말 조미료: 128μg
- 구운 김: 1,700μg
- 우유: 6μg
- 메추리알: 240μg
- 분유: 123μg

채소 깨끗하게
세척하기

이유식 재료는 깨끗하게 씻어서 사용해야 해요. 아기에게 먹일 재료이기 때문에 잔류농약을 많이 걱정하실 거예요. 가급적 유기농 제품을 구입하면 좋겠지만 항상 유기농만 고집할 수는 없어요. 채소와 과일을 깨끗하게 세척하는 방법을 알려드릴게요.

잔류농약은 어떻게 제거할까요

우선 잔류농약이 무엇인지 짚고 넘어가야 할 것 같아요. 우리가 흔히 알고 있는 독극물인 농약을 수천 배 희석해서 사용한 후, 햇빛과 비바람에 다 분해되고도 과실에 남아 있는 아주 극소량을 잔류농약이라고 해요. 우리 생각보다 농산물에는 잔류농약이 엄청 많지는 않아요. 토양이나 농산물의 잔류농약을 수시로 확인해 규제를 엄격하게 하고 있거든요. 극소량의 잔류농약은 잎이나 줄기 혹은 과실의 표면에 남아 있는데, 이는 물로만 잘 씻어도 많이 제거할 수 있다고 해요. 그 후에 남은 농약도 열을 가하면 분해돼 제거할 수 있으니, 잔류농약이 걱정된다면 재료를 데쳐서 사용하면 도움이 될 거예요.

식품의약품안전처에서 세척 방법에 따른 농약 제거율을 비교한 적이 있어요. 물, 세제, 식초물, 소금물, 숯을 넣은 물에 5분 정도 채소를 담근 후 흐르는 물로 30초 정도 세척했는데 제거율이 세제가 90%로 가장 높았고, 그다음에는 80~85%대로 소금물, 물, 식초물, 숯 담근 물 순서로 비슷했어요. 그러니 식초나 소금물에 굳이 재료를 담글 필요는 없어요. 식초로 살균 효과를 보려면 거의 물과 1:1 비율이 될 정도로 많이 넣어 사용해야 하는데, 그럴 경우 오히려 영양소가 파괴될 수 있거든요.

그래도 아기에게 먹이는 것이니 조금이라도 잔류농약을 줄이기 위해 세제 같은 세척제를 사용하고 싶을 거예요. 10%의 차이는 굉장히 크게 다가오거든요. 하지만 농약허용물질목록관리제도인 PLS(Positive List System) 시행 후 잔류농약을 0.01ppm 수준으로 더 엄격하게 관리하고 있기 때문에 그 정도의 차이 때문에 과일을 세제로 씻지 않아도 된다고 생각해요. 이해하기 쉽게 말씀드리면, 0.01ppm이란 100g의 과일에 0.000001g이 들어 있는 정도예요. 돈으로 바꿔보면 1억 원 중에 1원 정도라고 볼 수 있어요. 그래서 이 수치에서 10%의 차이는 사실 아주 미미하다고 볼 수 있죠.

그래서 저는 채소를 물로만 세척하고 있어요. 다만 물로 세척하면서도 보다 효과적으로 불순물을 제거할 수 있는 방법을 알려드릴게요.

1) 미온수에 5~10분 정도 담가요(몇 번 손으로 휘저어주면 더 좋아요).
2) 담갔던 재료를 흐르는 물에 30초 정도 세척해요.

간단하죠? 흐르는 물에 세척하는 것보다 일정 시간 담가두는 것이 잔류농약을 제거하는 데 더 유리하다고 하는데요, 그냥 담그기만 하지 말고 중간중간 손으로 휘어저주는 것이 포인트예요.

세척할 때 몇 가지 알아두면 유용해요. 우선 딸기, 토마토, 사과 등 과일의 꼭지는 농약이 잔류할 가능성이 있어서 모두 제거하는 것이 좋아요. 그리고 단단한 과일은 왁스가 발라져 있는 경우가 있어요. 사과를 계속해서 문지르면 반짝반짝 윤이 나는 것을 본 적이 있을 거예요. 그게 바로 왁스인데요, 기름 성분이라 물에 담가도 세척이 잘되지 않아요. 그래서 껍질째 먹는다면 과일 세척이 가능한 1종 세제나 뜨거운 물로 왁스를 벗겨낸 후에 물에 담가 잔류농약을 제거하는 것이 좋아요. 단, 세척제를 사용할 때는 반드시 적정 사용량을 지키고 2회 이상 헹궈 잔류세제를 없애요.

파, 양파 같은 겉껍질이 있는 채소는 외피를 제거하고 물로 씻어주세요. 양배추 역시 겉잎을 2~3장 떼어내고 물에 씻으면 되는데요, 양배추는 겉잎이 자란 후에 안쪽에 잎이 생기기 때문에 안쪽까지 농약이 도달하기 어려워 잎 한 장 한 장 너무 꼼꼼하게 씻으려고 하지 않아도 된다고 해요.

TIP 칼슘파우더

칼슘파우더는 조개껍질을 구워서 산화 칼슘으로 만든 제품이에요. 물과 만나 수산화칼슘이 되면 칼슘 이온과 수산기로 분리되는데 이 수산기가 알칼리성으로 과일, 채소 등의 불순물을 세정한다고 광고하고 있어요. 하지만 우리가 광고에서 보는 둥둥 뜨는 유색의 기름은 잔류농약이나 불순물이라기보다는 칼슘파우더 자체에서 나타나는 피막이에요. 농약은 색이 없거든요. 토마토나 블루베리 같은 과일의 색이 빠져나오는 거예요. 따라서 아직까지는 칼슘파우더가 불순물 제거에 큰 효과가 있다고 입증된 바는 없어요.

또한 광고에서 보듯이 실제로 너무 많이 뿌리면 헹궜을 때 칼슘 이온이 채소에 잔류할 수 있고 칼슘파우더를 넣은 물 자체도 강알칼리성이 되기 때문에 채소를 헹구는 손의 피부를 상하게 할 수 있어요. 만약에 칼슘파우더를 사용하신다면 용기에 표기된 적정량만 사용하는 것을 권장해요.

이유식 준비물은
무엇이 있을까요

이유식 재료 구입하기

이유식 재료는 눈으로 직접 보고 골라 사는 것이 가장 좋지만 아기를 데리고 항상 장을 보기는 쉽지 않아요. 그래서 저는 거의 인터넷 쇼핑으로 구매했어요. 온라인 대형마트를 이용하거나 유기농, 친환경 제품을 취급하는 한살림, 오아시스마켓, 마켓 컬리를 이용하기도 했어요. 그리고 쿠팡에서 로켓프레시로 주문하기도 했답니다. 특히 온라인 마트는 재료가 신선하지 않거나 불만족스러우면 빠른 교환 및 환불 처리를 해줘서 편리하게 이용할 수 있었어요.

이유식 도구 구입하기

이유식 준비물을 제2의 혼수라고 하죠. 저는 출산 준비물과 비슷한 느낌을 받았어요. 욕심을 부리면 끝이 없고, 간략하게 준비한다면 얼마든지 비용을 줄일 수 있어요. 다음 내용을 참고해서 준비하세요.

✦ 도마와 칼

도마와 칼은 집에 있는 것을 사용해도 되지만 열탕
소독을 꼭 해야 해요. 이유식용을 따로 구입한다고
해도 육류와 생선류를 사용하기 때문에 열탕 소독
을 반드시 하거나 분리해서 사용하는 것이 좋아요.
식기세척기가 있다면 열탕 소독으로 돌려주세요.

✦ 저울

저울은 집에 있으면 사지 않아도 돼요. 저도 5년 전에 다이소에
서 5천 원쯤 주고 산 저울로 이유식에 잘 사용했어요. 이 책을
쓰면서 사진을 깔끔하게 찍고 싶기도 했고, 종종 먹통이 돼
서 이번에 새로 구입했답니다. 비싼 것도 필요 없어요. 잘
작동하기만 하면 되니 마음에 드는 제품으로 사시면 돼요.

✦ 핸드블렌더

핸드블렌더는 적극적으로 추천해요. 초기 이유식은
믹서나 다지기(초퍼)로 곱게 갈리지 않아요. 더
구나 큰 믹서는 무거워서 손목이 너무 아프고
요. 초기부터 체에 거르지 않고 곱게 갈아서 바

로 아기에게 줄 거라 핸드블렌더가 있으면 좋아요. 꼭 좋은 제품을 쓸 필요는 없어
요. 2만 원대에 산 저의 핸드블렌더는 첫째, 둘째 이유식을 하고 간식까지 책임지고
있어요. 이처럼 이유식을 끝내고 난 후에는 아기 간식을 만들 때 사용할 수 있어요.
5살 하율이는 핸드블렌더로 만들어주는 딸기바나나스무디를 제일 좋아해요. 딸기
와 바나나 그리고 우유를 넣고 갈면 돼서 정말 간단해요.

✦ 다지기

중기부터는 적당한 입자감이 있어야 해서 재료를 다지기로 다져서 먹이는 것이 편해요. 입자 크기가 확 커지는 시기에는 칼로 다져야 하기도 하지만, 버섯류처럼 질겨서 입자 크기를 키우기 애매한 것들은 완료기까지도 다지기로 다졌어요. 지금은 마늘을 갈거나 아기에게 고기 완자를 만들어줄 때도 사용하고 있어요. 어떤 분들은 이유식 끝난 후에도 당근이나 양파를 다지기로 적당히 다져서 냉동해놓았다가 아기 볶음밥 만들 때 채소로 활용하거나 완자를 만들기도 해요.

✦ 밥솥

초기에는 엄마·아빠 밥을 갈아서 간단하게 냄비에 끓여서 만들었어요. 하지만 후기에는 아기가 먹는 양도 많아지고 밥알 그대로 줘도 잘 먹기 때문에 냄비에 죽을 만들지 않고 바로 밥솥에다 만들 거예요. 그래서 밥솥이 필요하긴 한데요, 집에 있다면 굳이 이유식용 밥솥을 따로 구입하지 말고, 쓰고

있는 밥솥의 죽 모드를 활용하면 돼요. 어차피 죽을 만들어서 냉장 혹은 냉동 보관하고 다시 밥을 하면 되니까요. 이유식용으로 밥솥을 또 구입하기에는 후기, 완료기 정도로 아주 짧은 기간만 사용하게 되거든요. 하지만 집에 있는 밥솥을 사용할 예정이라면 내솥은 한번 점검하세요. 내솥에 흠집이 많이 보인다면 내솥은 교체하는 게 좋아요.

✦ 냄비

집에 적당히 작고 깔끔한 냄비가 있다면 그 것을 사용해도 좋고, 없다면 새로 사도 괜찮 아요. 저는 첫째 이유식을 진행할 때 적당한 냄비가 없어서 새로 샀는데, 냄비 이유식을 끝내고 나서는 쓸 일이 없어졌어요. 너무 작아서 라면도 못 끓이겠더라고요. 그래서 둘째 때는 좀 더 넉넉한 크기의 이유 식 냄비를 구매했어요. 많이 사용하는 냄비 브랜드로는 베베쿡, 릴리팟, 글라스락, 네 오플램, 리스(RIESS) 등이 있으니 적당한 제품을 고르면 돼요. 라면 정도는 끓일 수 있는 크기가 나중에 사용하기에도 좋아요. 스테인리스 제품을 사용한다면 사용 전에 꼭 연마제 제거 작업을 해주세요.

TIP 연마제 제거

연마제는 키친타월에 식용유를 묻혀서 검은 연마제가 묻어나오지 않을 때까지 닦아준 뒤, 베이킹소 다를 넣어 한 번 끓이면 제거돼요.

✦ 찜기

찜기든 찜통이든 이런 종류는 하나 있으면 좋아요. 저희 집에는 만두 찔 때 사용하던 커다란 찜기용 냄 비가 있는데 이유식을 하는 동안 정말 잘 썼어요. 저는 영양분 손실이 우려돼 재료를 끓이지 않고 대 부분 쪄서 사용했어요. 채소는 수용성 비타민이 많아 물에 끓이면 녹아서 다 빠져나 가거든요. 큐브는 일주일에 한 번 정도 큰 찜기에 한꺼번에 다양한 재료를 동시에 넣 고 쪘어요.

✦ 체

이유식 지침이 바뀌어서 더 이상 이유식을 체에 거르지
않게 됐어요. 하지만 소고기를 건지거나 달걀물을 곱
게 만드는 등 요리할 때 유용하니 하나 있으면 좋아요.

✦ 스파출라

스파출라는 집에 있다면 열탕 소독해서 그대로 사용하
면 되니 굳이 구입하지 않아도 돼요. 없다면 1개쯤 사두
면 편해요.

✦ 이유식 큐브

이유식 큐브는 다다익선이에요. 1~2개만 가지고는
정말 부지런하지 않은 이상 힘들어요. 초기에는 토핑
이 몇 개 없어서 괜찮은데 중기부터는 1~2개로는 턱
없이 모자라요.

　일단 초기에 토핑용으로 사용할 15mL 큐브가 있으면 좋고요, 중기부터 토핑으로
사용할 30mL짜리 12구 큐브가 여러 개 필요해요. 30mL는 후기까지 쓰기 때문에
가장 많이 사용하게 되는 큐브예요. 초반에 죽용으로 사용할 50mL 큐브도 있으면
좋아요. 저는 30mL짜리 12구 큐브가 3개나 있는데 모자랄 때도 있었어요. 이건 순
전히 제가 이유식 큐브를 한 번에 몰아서 만들기 때문인데요, 중기 이후에는 한번 큐
브를 만들면 다양한 재료의 큐브를 거의 10개 정도 사용했어요. 초기에 죽용으로 사
용한 50mL 큐브는 냉동된 토핑을 냉장실로 옮겨두거나 전자레인지에 해동할 때 사
용하기도 해요. 사람마다 스타일이 다르기 때문에 큐브는 한 번에 구입하기보다는
필요할 때마다 조금씩 늘려가는 것을 추천해요.

◆ 이유식 용기, 식판

이유식 용기는 천차만별이에요. 도자기나 실리콘으로 된 것도 있고 유리로 된 것도 있어요. 저는 첫째를 200mL 유리 용기만 사용해 죽 이유식을 했기 때문에 이미 유리 이유식 용기가 12개나 집에 있었어요. 그래서 그 용기로 지율이 초기 이유식까지 했고,

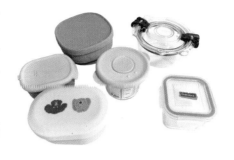

중·후기에는 200mL 용기에 죽과 토핑이 한 번에 들어가지 않아 죽과 토핑을 분리해서 용기에 담아 냉장실에 넣어 해동했답니다. 유리 용기는 급격한 온도 변화에 깨질 수 있어요. 냉동실에서 바로 꺼내 전자레인지에 돌리거나 중탕하면 위험할 수 있어 이 부분을 꼭 지켜야 해요. 종종 유리 용기가 터졌다는 후기를 본 적이 있어요.

중·후기쯤 되면 식판을 사용해도 돼요. 저는 매번 식판을 사용하기가 번거로워서 그냥 큰 용기에 덮밥처럼 얹어주었지만 토핑 이유식은 밥과 반찬 개념이라 그때부터는 식판 배식도 가능해요. 아니면 전자레인지 사용이 가능한 냉동밥 보

관 용기(BPA free, PP 용기)를 써도 됩니다. 30개에 1만 원도 안 되는 가격으로 살 수 있어요.

저는 용기 1개에 한 끼씩 보관했는데, 세 끼 먹는 아기의 죽을 3일 치만 보관한다고 해도 9개의 용기가 필요해요. 여유 있게 5일 치를 만들어둔다고 하면 15개 이상이 필요해요. 가격도 저렴해서 중·후기에 세 끼를 먹는 시기가 되면 가성비 좋게 쓸 수 있어요. 이유식이 끝나도 마늘, 생강 등을 보관하거나, 아기 과자나 냉동밥 보관도 가능해요.

다만 흠집이 잘 나는 플라스틱이니 스펀지로 부드럽게 닦으며 잘 관리해주고, 흠집이 나면 바로 버려주세요.

✦ 이유식 숟가락

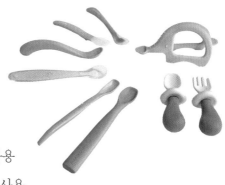

이유식 숟가락은 어떤 종류든 상관없어요. 보통 아기가 물어도 다칠 염려가 없는 실리콘을 가장 많이 사용해요. 외출까지 대비하면 후기까지 쭉 사용할 숟가락이 2~3개 정도 있으면 좋아요. 중기쯤 되면 편하다는 이유로 배스킨라빈스 숟가락을 사용하는 엄마들이 있어요. 저도 한때는 편하게 사용했답니다. 예전 배스킨라빈스 숟가락은 약해서 아기가 물면 부러질까 봐 걱정돼 사용하지 말라고 했는데, 요즘 나온 코랄빛 숟가락은 꽤 단단해서 외출 시 이유식 먹이기에도 나쁘지 않아요. 다만 그 외에 약한 다른 일회용 플라스틱 숟가락은 아기가 앙 물면 부러져 입안이 다칠 수 있으니 쓰지 않는 것이 좋겠어요.

✦ 턱받이

아기 턱받이는 천, 실리콘, 비닐 재질을 많이 사용하는데, 개인적으로 아주 초기에 사용하는 턱받이는 비닐이나 천 재질로 된 가벼운 것을 추천해요. 그러다가 중기 넘어서 후기쯤 되면 아기가 잡고 뜯을 거예요. 저는 그때 실리콘으로 바꿔줬어요. 실리콘을 초기부터 쓰기에는 아기에게 너무 무거운 것 같았거든요. 아기가 불편함을 느끼면 이유식을 거부할 수 있어요. 저는 후기 1단계까지도 방수 재질 턱받이를 잘 사용했어요. 부피도 작아 접어서 가방에 쏙 넣어 가지고 다니기도 좋았답니다. 중·후기에는 넓은 면적을 커버해주는 자기주도 턱받이 등을 이용해서 청소하는 범위를 줄일 수도 있어요.

✦ 아기 의자

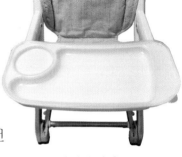

아기 의자는 아기가 허리 힘이 있는지, 집에 식탁이 있는지에 따라 나뉘어요. 첫째 하율이는 허리 힘이 없어서 바운서에서 시작했어요. 식탁이 없었기에 그다음으로는 범보 의자를 사용해서 스스로 앉도록 했고, 완전히 허리 힘이 생겼을 때는 아기 식판 의자를 사용했어요. 그때 사용했던 식판 달린 의자는 3살 때까지도 잘 사용하다가 지율이에게 물려줬답니다.

바운서나 범보 의자는 굳이 이유식이 아니더라도 육아 용품으로 이미 가지고 있으실 거예요. 그래서 나중에 허리 힘이 길러졌을 때 앉을 수 있는 의자만 있으면 돼요. 식탁이 있다면 하이 체어를 구입하면 되고, 없다면 엄마·아빠와 함께 앉아서 먹을 수 있도록 낮은 식판 의자가 있으면 돼요.

음식을 먹을 때는 항상 자리에서 먹어야 한다는 것을 아기가 알게 돼, 돌이 좀 지나고부터는 부엌에서 식사를 준비하면 스스로 그 식판 의자에 들어가 앉아서 기다리기도 했어요. 17개월이 되니 간식이나 먹을 것을 주면 스스로 의자를 가지고 와서 앉아서 먹더라고요. 먹는 것은 그곳에서만 가능하다는 것을 알고 있기 때문이죠. 결국 돌아다니지 않고 의자에 앉아서 먹는다는 것을 알려주는 게 제일 중요한 것 같아요.

✦ 기타

그 외에 이유식을 하면서 편리하게 사용했던 도

구들을 몇 가지 알려드릴게요. 하나는 알뜰 주걱

이에요. 다지기나 그릇에 붙어 있는 재료를 깔끔

하게 싹싹 긁어서 사용할 수 있어요. 그리고 매셔

예요. 저는 요리에 취미가 없다 보니 이유식을 하기 전에도 쓸 일이 없었고 이유식이

끝나도 쓸 일이 없을 것 같아서 포크를 사용했지만, 하나쯤 있었으면 편했을 것 같아

요. 모유 저장팩도 육수팩으로 이용할 수 있어서 있으면 좋아요. 빨대컵은 굳이 따로

구입할 필요 없이 젖병 호환되는 추빨대나 대롱만 구입해서 사용할 수 있어요. 마지

막으로 계량컵은 젖병으로 대체해 사용했어요.

다음 표에 구매 예정인 이유식 도구들의 정보를 자유롭게 작성해보세요.

목록	구입 내용	구입 가격	비고
도마			
칼			
저울			
핸드블렌더			
다지기			
밥솥			
냄비			

목록	구입 내용	구입 가격	비고
찜통,찜기			
체			
스파츌라			
이유식 큐브			
이유식 용기			
이유식 식판			
이유식 숟가락			
턱받이			
아기 의자			
합계			

이유식 마스터기와 아기 밥솥, 사야 할까요

이유식 마스터기는 초기에는 잘 활용할 수 있지만 양이 많아지는 후기에는 약간 불편할 수 있어요. 저도 마스터기를 잠깐 사용해봤지만 초기 이후로는 냄비와 찜기를 이용해서 대량생산하는 것이 더 편했어요. 이유식 마스터기를 잘 활용하는 분들도 있으니 사용후기를 충분히 보고 결정하세요. 그때그때 소량으로 바로 만들어 먹이기를 원한다면 마스터기가 더 편할 수 있어요.

밥솥은 밥으로 이유식을 하게 되면 초반에는 필요가 없어요. 첫째 이유식을 만들 때는 죽 이유식이었기 때문에 밥솥이 꼭 필요했어요. 그래서 아기 전용으로 3인용 밥솥을 구입하고 일주일에 한두 번은 하루에 밥솥을 세 번씩 돌려 5일 치를 만들었어요.

그런데 토핑 이유식을 하다 보니 죽(밥) 외에는 밥솥이 전혀 필요 없더라고요. 그래서 집에서 사용하는 밥솥에 엄마·아빠 밥을 짓자마자 밥을 떠서 냄비에 죽을 만들고 냉동실에 보관했어요.

초기에는 냄비에 죽을 만들면서 아기에 맞게 농도를 맞춰줄 수 있어 더 좋았고, 중기 역시 그렇게 진행하다가, 밥알 하나의 크기가 아기에게 부담스럽지 않아지는 후기에는 밥솥을 이용해 아기만을 위한 죽을 만들었어요. 죽은 만들자마자 다 퍼서 냉장, 냉동 보관하고 다시 어른 밥을 지어서 불편하지 않았어요. 그래서 저는 이유식에 쌀가루를 사용하지 않았지만, 처음부터 밥솥으로 하시는 분은 알레르기 문제만 없다면 오히려 쌀가루가 편리할 수 있어요.

위 두 가지 용품 모두 이유식을 조금 더 편하게 할 수는 있지만 몇 개월 후에는 사용할 일이 없어 자리만 차지하게 될 수 있으니 이 점을 신중히 고려해보세요.

핸드블렌더 vs. 다지기 vs. 믹서

핸드블렌더는 흔히 도깨비방망이라고 불리는 제품이에요. 저렴한 것은 2만~3만 원대부터 있어요. 초기 쌀죽이나 이유식 토핑들은 핸드블렌더를 쓰면 아주 곱게 갈려요. 다지기나 믹서로는 곱게 갈리지 않는 것도 잘 갈리고 비교적 소량일 때도 잘 갈리는 편이라 초기에 굉장히 유용해요.

다지기는 초퍼라고 불리기도 하는데 믹서의 작은 버전이라고 생각하면 좋을 것 같아요. 다만 재료가 적거나 수분이 부족하면 칼날이 헛돌면서 잘 다져지지 않는 경우가 있어요. 그래서 다지기는 적당량만 다지거나 그것도 아니라면 물을 부어서 잘 다져지도록 해야 해요. 중·후기에는 토핑의 양이 많아지고 입자 크기가 커지기 때문에 더 이상 핸드블렌더를 사용하지 않고 다지기를 사용해요.

첫째 이유식을 만들 때는 믹서를 사용했어요. 유리인 데다 굉장히 무겁고 커서 한 번 쓸 때마다 너무 힘들었어요. 그래서 다지기를 구입하게 됐답니다. 미니 믹서가 있다면 핸드블렌더 대신에 사용해도 되지만, 핸드블렌더가 세척이 더 간단해서 편해요. 믹서 크기가 크면 적은 양의 재료는 날이 헛돌거나 잘 갈리지 않아요. 핸드블렌더와 다지기가 있다면 믹서는 끝까지 사용할 일이 없을 거예요.

이유식을 거부하면
어떻게 해야 할까요

누구나 한 번은 겪게 된다는 이유식 거부에 대해 이야기해보려고 해요. 거부 한 번 없이 이유식을 끝내는 아기도 있지만 1%도 안 될 거예요. 즉, 99%의 엄마는 아기의 이유식 거부를 한 번쯤은 겪게 된다는 것이죠. 그 원인을 파악해서 해결하면 좋지만 아기의 마음을 읽어내기가 어렵고 어떨 때는 알 수 없는 이유로 거부해서 해결하기 어려워요. 답답한 마음에 맘카페에 찾아가 엄마들의 경험을 살펴보면 '시간이 약'이라고 하는데, 그 시간 내내 아기가 안 먹는 걸 보고 있으면 엄마 마음이 너무 속상하죠.

하율이, 지율이 모두 이유식을 잘 먹어서 살이 포동포동 쪘지만, 그럼에도 중간에 이유식 거부는 있었고, 후기에서 완료기 사이에 제일 심하게 왔어요. 대부분의 아기가 이유식을 거부하는 이유는 입자와 질감 때문인데요, 이를 극복한 저의 경험을 공유해드릴게요. 모든 아기에게 통하지는 않겠지만 다양하게 적용해보세요.

이유식을 거부하는 이유

1. 너무 크고 퍽퍽해요

이유식을 거부하는 가장 큰 이유는 입자의 크기와 질감 때문이에요. 그래서 제가 강조하는 것이 바로 입자 크기를 확 높이지 말라는 거예요. 초기 이유식이 끝나고 중기 이유식을 시작할 때 오늘부터 중기 이유식이라고 갑자기 배죽(쌀 대비 물의 비율)을 올리거나, 후기 이유식에 들어갔다고 갑자기 입자 크기를 확 키우면 아기가 당연히 거부할 수밖에 없어요. 아기가 눈치 채지 못하도록 서서히 올려줘야 해요.

특히 초기에 엄마들이 자주 실수하는 것이 바로 밥과 토핑의 질감을 너무 다르게 하는 거예요. 밥은 촉촉한데 소고기 토핑은 퍽퍽하게 만드는 것이죠. 그럼 아기가 당연히 못 먹어요. 특히 초기에는요. 중·후기쯤 되면 이미 경험한 입자라 목이 멜 정도만 아니면 죽과 토핑의 농도가 달라도 괜찮지만, 초기에는 쌀죽과 토핑의 농도(묽기)를 비슷하게 해주세요.

그럼에도 불구하고 아기가 입자와 질감 때문에 거부할 때는 다시 앞단계로 돌아가는 수밖에 없어요. 그래야 먹어요. 약간 질게 그리고 잘게 해서 이유식을 주고, 다시 서서히 배죽을 올려보세요. 조금 느려도 괜찮아요. 몇 개월부터 몇 배죽을 반드시 해야 한다는 법이 있는 것은 아니니까요. 어느 정도 지침이 필요해서 구분해놓은 것일 뿐이니 책을 그대로 따라가지 못한다고 너무 속상해하지 마세요.

그런데 서서히 올렸는데도 불구하고 중·후기가 아니라 완료기쯤에서 아기가 거부를 한다면 진밥이나 무른 밥이 싫어서 그럴 수 있어요. 많은 아기가 이에 해당할 것이고 저희 두 아기도 모두 진밥과 무른 밥을 거부했어요.

이 시기에 배죽을 맞춰서 아기에게 주면 밥이 떡처럼 되는 경우가 많아요. 특히 냉동 후 해동하면 밥이 퍼져서 더 그렇답니다. 이 시기의 시판 이유식도 밥알이 단단하고 제가 먹어봐도 목이 멜 정도예요. 그렇다고 매일 새로운 밥을 해줄 수는 없는 노릇이죠.

이럴 때는 책에서 소개한 밥볼, 밥머핀, 밥전 등을 활용해서 먹이는 방법이 있고, 물을 섞어주거나, 약간 후퇴해서 좋아하는 질감으로 먹이다가 아기가 조금 더 크면 밥으로 넘어가는 방법이 있어요. 그것도 아니면 현재 무른 밥이나 진밥에서 버틸 만큼 버티다가 밥으로 넘어가기도 해요.

완료기 이유식을 잘해야 유아식도 거부 없이 잘 먹는다고 하는데 아예 손도 안 대고 울기만 하는 아기에게 먹기 싫은 질감의 음식을 계속 주는 건 고문과 같다고 생각해요. 그래서 첫째 하율이는 밥으로 조금 이르게 넘어갔고, 하율이보다 잘 따라왔던 지율이는 그래도 진밥을 조금 더 하고 넘어가게 됐어요.

진밥을 먹여주자마자 바로 날름하면서 뱉어내는 아기는 좋아하는 토핑을 입에 넣어주면 먹는 경우가 있어요. 지율이가 입에 넣은 밥을 뱉으려고 할 때 시간차로 가장 좋아하는 토핑인 당근을 입에 대주면 바로 입을 벌려서 당근을 먹고 진밥과 함께 씹어 먹어요. 그래서 한동안은 그렇게 먹였지만, 대부분은 일시적인 효과만 있고 결국에는 또 다른 방법을 찾아야 했어요.

2. 불편해요

아기의 몸이 자유롭지 못하고 불편해도 잘 먹지 않아요. 무거운 실리콘 턱받이를 목에 걸어줄 때 답답해하며 당기는 듯한 표현을 할 때는 가벼운 방수용 천 턱받이로 바꿔주세요. 또한 전신에 입히는 턱받이도 싫어하는 아기가 있어요. 온몸을 감싸고 있어 답답한지 울더라고요. 아기가 식사를 할 때 불편한 요소가 없는지 한번 살펴봐 주세요.

3. 내가 먹을래요

후기쯤 되면 엄마에게서 숟가락을 뺏으려고 해요. 자기주장이 강해져서 직접 먹고 싶어 하거든요. 그럴 때는 숟가락을 뺏고 뺏기면서 아기와 씨름하지 말고 숟가락을 2개 사용하거나 밥볼이나 두부볼 같은 핑거푸드를 함께 주세요.

지율이는 당근을 굉장히 좋아해서 지율이 앞에 있는 식판에 당근 토핑을 깔아주고 아기가 그것을 집어먹는 사이사이에 죽과 다른 반찬을 입에 넣어주면서 먹였어요. 손으로 집어먹을 만한 크기의 큐브는 아기가 직접 먹도록 해주는 것도 좋아요.

8개월쯤 되면 숟가락 사용을 배울 수 있어요. 완벽하게 배우지는 못하지만 손에 쥐여주고 숟가락으로 죽을 뜨게 도와주면 입으로 가져가기도 한답니다. 너무 막지 말고 아기의 의사를 존중해주면서 이유식을 해보세요.

4. 맛이 없어요

토핑 이유식을 하다 보면 아기는 색깔과 모양만 보고 자신이 최고로 사랑하는 반찬을 바로 알아차려요. 맛있는 재료와 맛없는 재료를 구분하는 건데요, 그러다 보니 맛없는 재료는 피하더라고요. 그래서 잘 안 먹는 재료는 밥과 함께 끓여서 죽으로 주기도 하고 다른 재료와 섞어서 볶아주기도 했어요.

죽 자체를 잘 안 먹는다면 채소 육수를 이용해도 좋지만, 앞으로 아기가 유아식을 하게 되면 맨밥을 먹어야 하니까 모든 밥에 육수를 넣어 그 풍미에 익숙해지게 하는 것은 추천하지 않아요.

맛이 없다고 거부하는 것은 대부분 일시적이더라고요. 성장하면서 아기의 입맛이 계속 바뀌나 봐요. 지율이는 처음 파프리카를 먹을 때는 잘 안 먹었는데 지금은 그럭저럭 잘 먹어요. 소아청소년과 의사 선생님들 이야기를 들어봐도 잘 안 먹는 음식도 10~15번 계속 주다 보면 어느새 또 먹는다고 하니, 아기가 안 먹는다고 아예 식단에서 제외하지는 말고 다양한 방법으로 꾸준히 줘보세요.

5. 아파요

장염에 걸리거나 구내염, 수족구, 감기 등 다양한 이유로 아기가 아프면 이유식을 거부하기도 해요. 장염에 걸렸다면 흰죽으로 대체해주세요. 아기가 낫는 것이 우선 이니까요. 흰죽을 잘 먹으면 익힌 당근과 같이 설사에 좋은 재료를 조금씩 넣어서 적 응하게 해주세요.

구내염과 수족구에 걸리면 입에 수포가 생기고 부어 음식물을 잘 넘기기 힘들어 해요. 입이 아파 제대로 먹지 못하니 소아청소년과 의사 선생님도 좀 더 큰 아기들에 게는 아이스크림이라도 주라고 하실 만큼 정말 힘든 병이에요. 이때는 음식을 너무 뜨겁게 데우지 말고 실온이나 실온보다 살짝 낮게 해서 주세요. 그리고 목 넘김이 좋 게 조금 묽고 입자가 적은 퓌레 같은 음식을 주세요.

아기가 너무 안 먹으면 최후의 수단으로 퓌레에 밥을 찍어 먹이거나, 퓌레에 말아 먹이는 분도 종종 있어요. 이는 별로 좋은 방법은 아니지만, 잠시 그렇게 먹인다고 평 생 식습관에 문제가 생기지는 않으니 너무 걱정하지 마세요. 저도 하율이를 키울 때 이런저런 방법을 다 시도해봤지만, 5살인 지금은 그런 방법을 하나도 하지 않고도 밥 을 먹이고 있어요.

6. 고기를 안 먹어요

지율이는 고기를 잘 먹다가 어느 순간부터 안 먹기 시작했어요. 고기의 입자와 관 계없이 잇몸으로 씹으면서 잘 넘겼는데, 어느날 갑자기 입에 넣자마자 바로 뱉더라 고요. 그래서 소고기를 밥에 넣어 죽으로 만들어 먹이곤 했어요.

그런데 어느 날 첫째에게 주려고 일명 '5초 등심'이라고 불리는 아주 얇은 등심을 굽고 있는데, 지율이가 달라고 손을 뻗더라고요. 그래서 작게 잘라서 한 번 줬더니 엄 청 잘 먹는 거예요. 일시적인 건가 싶어서 계속 줬더니 그 자리에서 15조각을 넘게 먹더라고요. 하율이 고기가 없을 정도였어요.

지율이가 고기의 식감이 싫어져서 먹지 않았다는 것을 깨닫고, 그 이후에는 얇은 등심을 구운 후 잘라서 큐브에 넣어 보관하고 이유식을 줄 때 다진 고기 큐브 대신 줬어요. 육전용 소고기나 돼지고기 목살 등을 구워서 줘도 아주 잘 먹었답니다.

만 12개월에는 생고기 기준 약 40g 정도(손가락 3개 크기)를 매일 먹어주면 돼요. 붉은 살코기인 돼지고기여도 괜찮아요. 완료기에서 소개할 고기 완자를 만들어 먹이는 것도 좋은 방법이에요.

TIP 이유식 거부에 대처하는 법

이유식 거부가 왔을 때 잠깐이나마 통하는 팁을 하나 드리면 노래를 불러주거나 놀이하면서 먹이는 방법이 있어요. 살짝 정신이 팔려 있을 때 먹이는 방법이긴 한데, 너무 안 먹을 때는 시도해보세요. 또한 매일 먹여주는 엄마가 아닌 아빠나 누나, 형이 먹여주면 다른 음식이라고 생각해서 입을 벌리는 경우도 있답니다.

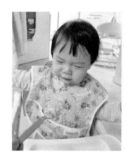

노래 불러주기 ▲

토핑 이유식의
식단표

　사실 토핑 이유식은 딱히 식단표가 필요 없어요. 하다 보면 느끼게 될 거예요. 하지만 이유식을 처음 하는 엄마들은 두려움과 걱정이 앞서기 때문에, 길잡이가 되는 식단표가 있으면 좋겠다는 생각이 들어 식단표를 만들었어요. 식단표를 짜놓고 이유식을 하면 다양한 재료를 활용해서 아기에게 골고루 먹이게끔 계획할 수 있다는 장점이 있고요, 재료를 계획적으로 사용할 수 있어서 좋아요.

　엄마가 중·후기로 갈수록 토핑 이유식에 익숙해지면, 식단표를 쓰지 않거나 무시하는 경우가 많아요. 꼭 줘야 하는 소고기 외에는 냉동실에 있는 재료를 자유롭게 조합해 아기에게 그때그때 원하는 반찬을 주게 될 거예요. 저는 오히려 좋은 현상이라고 생각해요.

　반드시 식단표대로 하지 않아도 괜찮아요. 중간에 재료가 없으면 다른 토핑으로 대체해도 돼요. 반대로 너무 많이 남았으면 더 자주 주면 돼요. 융통성 있게 이유식을 진행하세요.

　아기에게 특식을 해주고 싶은 날이면 새로운 재료를 주는 오전을 제외하고 점심이나 저녁 메뉴를 특식으로 바꿔주면 돼요. 후기쯤에는 육수를 내서 당근이나 애호박 같은 토핑을 넣고 소면을 삶아 간단히 국수를 해줄 수도 있어요. 식단표에 얽매이지 않고 자유롭게 진행해주세요. 이유식이 끝난 후에도 매번 식단표를 짜면서 해줄 수는 없으니, 미리 연습을 한다고 생각하셔도 좋아요.

제가 만든 이 식단표가 초보 엄마들이 쉽게 이유식을 할 수 있는 길잡이의 역할이 됐으면 좋겠지만, 꼭 식단표에 있는 그대로 줘야 한다는 압박은 가지지 않았으면 좋겠어요.

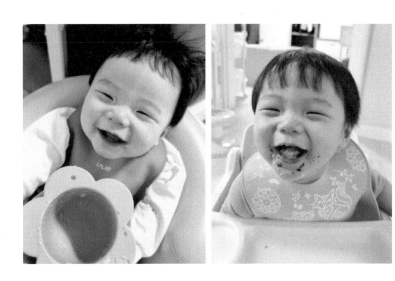

큐브를 만들기 전에
꼭 읽어주세요

큐브는 몇 개씩 만들어야 할까요

이제부터 큐브 만드는 법을 알려드릴게요. 그 전에 반드시 알아야 할 것이 있어요. 어떤 아기는 너무 잘 먹어서 초기부터 세 끼를 먹기 시작하고, 어떤 아기는 조금 적응하는 시간이 필요해서 후기에 가서야 세 끼를 먹기도 해요. 이 두 아기의 큐브 소진 속도는 많이 다르답니다. 그래서 제가 큐브 15개를 만드는 방법을 알려드리면 어떤 아기는 세 끼를 먹기 때문에 5일 만에 금방 떨어져 모자라고, 어떤 아기는 아직 한 끼 밖에 못 먹기 때문에 여러 큐브를 돌아가며 먹느라 한 달이 되도록 소진을 못 해서 결국 버리게 될 수도 있어요. 따라서 이 책에서는 큐브를 몇 개 만들라고 정해드리지 않을 거예요. 대신에 재료를 사용했을 때 얼마큼의 큐브가 나오는지는 대략적으로 보여드릴게요. 아기에게 맞춰 조절해서 만들어주세요.

큐브를 만들 때 저울 위에 큐브틀을 올려두고 동일한 g으로 재료를 넣어주면 일정한 양으로 만들 수 있어요. 하지만 조금 익숙해지면 큐브틀에 재료를 대충 넣어 알뜰 주걱으로 긁어서 평평하게 만들어 얼린 뒤, 꺼내 먹일 때 저울 위에 용기를 올려서 총량 정도만 확인해서 먹이게 될 거예요.

제가 드리는 식단표를 보시고 앞으로 아기가 먹을 개수를 미리 파악해서 그보다 살짝 넉넉하게 만들어두세요. 그래야 양이 늘었을 때 큐브를 하나 더 꺼내줄 수도 있고 예상치 못하게 큐브가 똑 떨어졌을 때도 대체할 큐브가 있으니까요. 조금 남아 버리는 것은 괜찮지만 모자라면 곤란할 때가 있으니, 약간 여유 있게 만들어둔다고 생각하세요.

초기쯤 지나서 엄마가 이유식을 만드는 데 여유가 생기면 큐브 활용에도 보다 융통성이 생기고, 기존 식단에서 1~2개씩 더 추가하다 보면 버리게 되는 큐브는 아마 거의 없을 거라고 생각해요. 큐브를 꼭 3~4개만 줘야 한다는 법은 없으니까요. 아기가 매일 먹으면 안 되는 재료는 생선 정도밖에 없으니 남은 큐브는 자유롭게 꺼내 활용해주세요.

TIP 아기가 먹은 양 확인하기

아기가 먹은 이유식량을 확인하려면, 저울에 이유식 용기를 올려두고 0으로 맞춘 뒤에 만든 이유식을 넣고 총 무게를 재면 돼요. 정확히 확인하고 싶으면 아기가 먹고 남은 음식을 다시 저울에 달아보세요. 그럼 아기가 먹은 양을 정확히 확인할 수 있어요. 모든 재료를 mL로만 확인하면 먹은 양, 남은 양 확인이 어려워요. 그래서 저는 g으로 확인했어요.

TIP 큰술과 작은술

레시피에서 '큰술'은 밥숟가락을 말하고, '작은술'은 티스푼을 말해요. 보통 1큰술은 15mL, 1작은술은 5mL 정도라고 보면 돼요. 물론 숟가락의 크기가 모두 다르기 때문에 정확한 용량은 아니지만, 대략적인 계량을 하는 데는 유용하답니다.

얼마나 쪄야 할까요

또 하나 알아둬야 하는 것은 바로 조리 시간이에요. 저는 대부분의 재료를 끓이지 않고 쪘어요. 육수가 나오는 고기류나 너무 단단한 재료는 끓였지만, 그 외에는 재료의 영양소 보존을 위해 찌는 방법을 선택했어요. 그러다 보니 딱 알맞게 몇 분 쪄라고 이야기할 수가 없더라고요. 끓이는 방법을 사용할 때는 물이 끓은 후라 명확하게 몇 분인지 이야기할 수 있지만, 찌는 방법은 가스레인지의 화력, 찜기의 크기, 찜기 안에 들어 있는 물과 재료의 양에 따라 찌는 시간이 5분 이상 차이가 났어요.

저는 일명 '들통'이라고 불리는 엄청 큰 찜기를 활용했고, 그 안에 물을 1/4 정도 담았어요. 물이 끓어오르는 데까지 3분은 걸려서 물 끓이는 시간 포함해서 찌는 시간이 최소 6~7분부터 많으면 30분까지 걸리기도 했답니다(팔팔 끓기 시작하면 약불로 줄여주세요). 저처럼 큰 찜기가 아니라 작은 냄비형 찜기를 사용하면 물도 적게 들어가니 금방 끓어오르고 익히는 시간도 훨씬 짧을 거예요. 그러니 레시피에 제시된 시간보다 더 미리 젓가락으로 찔러보거나 중간에 하나씩 먹어서 꼭 확인해보세요.

TIP 여러 재료 한 번에 찌기

재료 하나씩 찜기에 따로 찌면 만드는 시간이 너무 오래 걸려요. 저는 새로운 재료나 다 먹어서 다시 만들어야 하는 재료를 한 번에 5가지 정도 만들었어요. 큐브를 만드는 주기는 5~7일 정도로 큰 찜기에 다양한 재료를 한꺼번에 넣고 쪘는데, 당근이나 무같이 단단한 재료는 아래쪽에 배치하고 그 위에 잎채소를 쌓았어요. 먼저 익은 잎채소를 건져내 다지기로

다지고 큐브에 넣은 뒤, 다지기를 물로 헹구고 나중에 익은 단단한 채소를 꺼내서 다시 다지기로 다져서 큐브에 넣었어요. 그래서 큐브를 한 번에 10개씩 쓰기도 했어요.

초기 이유식
(만 6개월)

★ 고기는 생고기 기준으로 하루 10g 이상 섭취해요.

★ 초기에도 질감을 점점 올려줘요.

★ 간식은 당도가 적은 과일 위주로 시작해요.

★ 잡곡은 50% 이상 섞지 않아요(하루 기준).

★ 수유량은 700~900mL면 적당해요.

★ 식단표에 연연하지 말고 재료에 따라 자유롭게 토핑을 구성하는
   연습을 해요.

★ 첫날은 한 숟가락부터 시작해요.

★ 초기가 끝날 무렵에는 7~8배죽 정도의 질감이면 좋을 것 같아요.

★ 잎채소는 부드러운 부분만 사용해요.

초기 이유식 전에 알아두세요

용량에 얽매이지 마세요

본격적으로 시작하기 전에 엄마들에게 꼭 하고 싶은 말이 있어요. 우리는 그동안 mL가 정확하게 확인이 가능한 수유량에 익숙해져 있어, 분유를 탈 때도 수유량을 반드시 지키기 위해 1mL도 놓치지 않으려 했고, 아기가 먹은 양을 수치로 완벽하게 기록했어요. 하지만 이유식은 달라요. 용량이 완벽하지 않아도 돼요. 30mL라고 해서 반드시 30mL일 필요는 없어요. 25mL여도 괜찮고 35mL여도 괜찮답니다. 제가 운영하는 이유식 카페에 "아기가 먹는 양이 30mL인데 만든 양이 25mL라 애매해요. 어떡하죠?"라고 질문을 남긴 분이 있었어요. 저는 이렇게 답변을 달았답니다. "채소 큐브를 1개 더 넣거나, 죽에 오트밀 큐브를 추가해주세요. 남으면 버리면 돼요." 양을 정확하게 만들려고 애쓰지 않아도 돼요. 모자라지만 않게 주면 돼요.

시기를 칼같이 나누지 마세요

반드시 알아둬야 할 것이 또 하나 있어요. 바로 시기와 단계예요. 초기 이유식과 중기 이유식은 하루 만에 바뀌지 않아요. 어제까지 초기 이유식이라 입자 크기를 작게 했는데, 오늘부터 중기 이유식이라고 갑자기 입자 크기를 크게 만들면, 아기가 거부할 수 있어요. 각 단계별 시기 사이에 경계가 없도록 자연스럽게 입자 크기와 양을 늘려주세요. 예전에 비해 초기부터 먹을 수 있는 재료가 다양해졌기 때문에 기존처럼 초기, 중기, 후기로 칼같이 나누는 것이 큰 의미가 없어졌어요. 다만 시기별로 입자 크기와 먹는 양이 어느 정도 되는지, 고기는 얼마큼 먹어야 하는지의 기준이 있으면 좋으니 그 정도 감만 잡고 만들면 돼요.

만 5개월에 이유식을 시작한다면 이렇게 하세요

아기에 따라서 이유식을 조금 일찍 시작할 수 있어요. 만 5개월에 시작해도 만 6개월 아기와 똑같이 진행하면 되지만, 신경 써야 할 부분이 있어요. 바로 대부분의 채소에 들어 있는 질산염이에요. 그래서 제가 만든 식단표는 163일 이후의 아기에게 사용하기 좋아요. 163일에 시작하면 181일에 첫 질산염 채소인 양배추를 먹게 되니까요(180일에 시작한 아기는 식단표를 신경 쓰지 않아도 돼요). 만약에 163일보다 더 일찍 이유식을 시작해야 하는 경우에는 다음과 같이 진행하다가 초기 이유식 식단표와 합류하면 돼요.

– 이유식 적응은 3~4일이니 천천히 4일로 하기
– 쌀, 찹쌀, 오트밀 등 순한 곡류부터 천천히 적응해보기
– 애호박, 배, 고구마, 감자 등 질산염 없는 재료로 진행하기

예를 들어 152일에 이유식을 시작하는 아기는 다음과 같이 진행해볼 수 있어요.

D-DAY	152일	153일	154일	155일	156일	157일	158일
재료	쌀	쌀	쌀	쌀	쌀, 찹쌀	쌀, 찹쌀	쌀, 찹쌀
D-DAY	159일	160일	161일	162일	163일	164일	165일
재료	쌀, 찹쌀	쌀, 오트밀	쌀, 오트밀	쌀, 오트밀	쌀, 오트밀	쌀, 오트밀, 소고기	쌀, 오트밀, 소고기
D-DAY	166일	167일	168일	169일	170일	171일	172일
재료	쌀, 오트밀, 소고기	쌀, 오트밀, 소고기	쌀, 오트밀, 소고기, 애호박	초기 이유식 식단표 7일 차부터 합류			

4일 단위로 진행하는 것이 너무 길다고 생각해서 3일만 진행하고 먼저 재료를 맛보여주고 싶다면, 질산염이 적은 재료 위주로 먼저 시작하면 돼요.

초기 이유식 스케줄

저는 아기가 일어나는 시간에 따라 유동적으로 스케줄을 변경했어요. 밥을 이유로 성장하는 아기의 잠을 방해하고 싶지 않았거든요. 그래서 날이 흐려 아기가 잠을 많이 잘 때는 밥 시간이 많이 밀리기도 했답니다.

다음 표는 지율이가 이유식을 시작한 지 3주쯤 됐을 때의 이유식 스케줄이에요. 수유는 이유식을 먹은 후 바로 이어서 주면 되는데, 원래 먹던 분유량에서 이유식을 먹은 만큼을 빼주면 돼요. 초기 이유식 초반부에는 수유량이 많이 줄지 않기 때문에 아기가 모자라하면 원래 먹던 양을 다 먹여도 괜찮아요.

♥ 지율이의 20일 차 두 끼 이유식 스케줄

시간	이유식 횟수(용량)	수유 횟수(용량)
오전 7시 (기상과 동시에)	-	수유 1(200~240mL)
오전 11시	이유식 1(70g)	수유 2(120~160mL)
오후 3시	이유식 2(70g)	수유 3(120~160mL)
저녁 7시	-	수유 4(200~240mL)
총량	이유식 140g, 수유 640~800mL	

* 첫날은 한 숟가락부터 시작하면 돼요.

초기 이유식 한 끼 식사 예시

한 끼 식사 예시를 보여드릴게요. 입자 크기는 참고만 하시고 아기에 맞게 진행하시면 돼요.

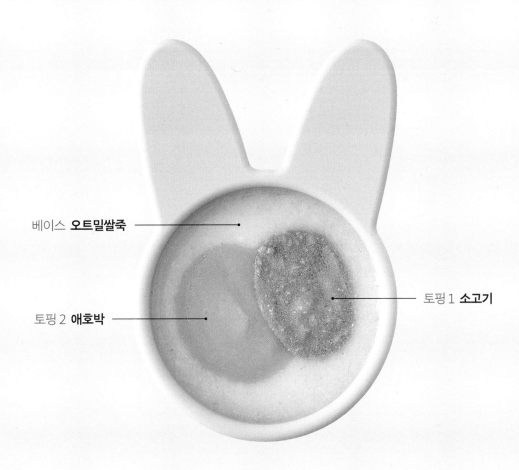

베이스 **오트밀쌀죽**

토핑1 **소고기**

토핑2 **애호박**

초기이유식 식단표

구분		1일 차	2일 차	3일 차	4일 차
아침	베이스	쌀죽(10배죽)		오트밀쌀죽(8배죽)	———
	토핑				———
점심	베이스				———
	토핑				———

구분		11일 차	12일 차	13일 차	14일 차
아침	베이스	오트밀쌀죽		오트밀쌀죽	
	토핑	소고기, 브로콜리		소고기, 단호박, 브로콜리	
점심	베이스	오트밀쌀죽		오트밀쌀죽	
	토핑	소고기, 애호박		소고기, 애호박, 브로콜리	
저녁 (세 끼 먹는 아기만)	베이스				
	토핑				

구분		21일 차	22일 차	23일 차	24일 차
아침	베이스	밀가루쌀죽	쌀죽		밀가루쌀죽
	토핑	———	소고기, 당근, 애호박		
점심	베이스	———	오트밀쌀죽		
	토핑	———	닭고기, 애호박, 브로콜리		
저녁 (세 끼 먹는 아기만)	베이스	———	쌀죽		밀가루쌀죽
	토핑	———	소고기, 양배추, 단호박		

이 책에서 제시하는 식단표는 무엇부터 먹일지 감이 안 잡히는 분들을 위한 참고용이니 무조건 똑같이 먹일 필요는 없어요. 새로 추가되는 재료는 동그라미로 표시했으니 참고하세요.

5일 차	6일 차	7일 차	8일 차	9일 차	10일 차
오트밀쌀죽		오트밀쌀죽			
소고기		소고기, 애호박			

15일 차	16일 차	17일 차	18일 차	19일 차	20일 차
	오트밀쌀죽			오트밀쌀죽	
	닭고기, 애호박, 브로콜리			소고기, 양배추, 애호박	
	오트밀쌀죽			오트밀쌀죽	
	소고기, 단호박, 브로콜리			닭고기, 단호박, 브로콜리	
				쌀죽	
				소고기, 애호박, 브로콜리	

25일 차	26일 차	27일 차	28일 차	29일 차	30일 차
쌀죽		밀가루쌀죽	쌀죽		
소고기, 시금치, 단호박			달걀(노른자) 당근, 시금치		
오트밀쌀죽			오트밀쌀죽		
닭고기, 브로콜리, 당근			닭고기, 애호박, 브로콜리		
쌀죽			쌀죽		
소고기, 당근, 애호박			소고기, 양배추, 단호박		

쌀죽(초기)

초기부터 입자를 빠르게 늘리는 것으로 이유식 지침이 바뀌면서 이제는 미음보다는 곱게 간 죽의 형태로 시작하면 돼요. 초기에 시작하는 모든 이유식은 체에 거르지 않고 곱게 갈아서 주면 된답니다.

　이유식 만들 때 쌀가루를 쓰는 방법도 있는데, 쌀가루를 쓰고 알레르기가 일어났다는 후기를 종종 봤어요. 그럴 때 소아청소년과에서 쌀가루를 쓰지 말고 이유식을 만들어주라고 해요. 한 공장에서 여러 재료를 사용하다 보니, 쌀가루 외 다른 재료들이 섞이게 돼 알레르기가 일어날 수 있어요. 그래서 저는 처음부터 밥으로 만들었는데, 아기용 밥솥이 필요 없어 오히려 더 간편하고 좋았어요. 밥을 짓자마자 한 주걱 떠서 바로 이유식을 만들고, 남은 밥은 남편과 제가 평소에 먹듯이 먹으면 됐거든요. 쌀죽을 쌀로 가루를 내서 만들든, 쌀가루로 만들든, 밥으로 만들든 영양은 동일하니 편한 방법으로 하면 돼요. 초기 이유식 시작할 때 쌀가루를 사용하면 20배죽(쌀가루 1:물 20), 불린 쌀은 10배죽(불린 쌀 1:물 10)으로 해요. 쌀밥은 5배죽(쌀밥 1:물 5)으로 하면 농도가 비슷해져요. 정확하게 몇 배죽인지 맞추지 말고 아기가 먹는 수준에 맞춰서 조금씩 올려주면 돼요.

🍲 재료(30mL 큐브 14개)

○ 쌀밥 100g
○ 물 500mL

① 갓 지은 쌀밥 100g과 물 100mL를 넣고 핸드블렌더로 갈아요. 물을 처음부터 많이 넣고 갈면 밥이 잘 갈리지 않아요.

② 나머지 400mL의 물을 넣고 한 번 더 갈아요.

③ 냄비에 핸드블렌더로 간 밥과 물을 담아요. 바닥에 가루가 가라앉아 있으니 잘 흔들어서 넣어요.

④ 강불에서 끓이다가 확 끓어오르면 약불로 줄여서 5~7분 정도 더 끓여요. 이때 냄비에 눌어붙지 않도록 수시로 저어요.

⑤ 스프 정도 농도가 됐다면 불을 끄고 식혀요. 불을 끈 후에도 한동안 저어줘야 냄비에 눌어붙지 않아요.

⑥ 30mL 큐브 12개와 60g이 만들어졌어요. 60g은 용기에 소분해서 냉장 보관하고 큐브는 냉동 보관해요.

TIP 쌀로 쌀가루 내기

첫째 이유식 때는 쌀을 직접 갈아서 쌀가루로 만들어두고 사용했어요. 쌀을 깨끗하게 씻어서 물에 불린 후 바싹 말려요. 믹서로 곱게 갈아서 밀폐 용기에 담아 냉장 보관하고 사용할 때마다 덜어서 냄비에 끓이면 된답니다.

TIP

초기 쌀죽은 30~50mL 정도 큐브에 얼려서 다른 토핑들처럼 밀폐 용기에 냉동 보관해두면 하나씩 꺼내 쓰기 편리해요. 첫 쌀죽은 아기가 조금 먹더라도 약간 넉넉하게 만들어두세요. 남기면 버려도 되지만 금방 먹는 양이 늘어날 수도 있어요. 아기가 생각보다 많이 먹으면 쌀 큐브를 2개 꺼내 주면 돼요.

오트밀 (8배죽)

아기의 첫 잡곡으로 오트밀(오트밀포리지)을 선택했어요. 오트밀은 귀리를 먹기 좋게 부수거나 납작하게 만든 거예요. 오트밀은 철분이 들어 있어서 소고기를 잘 안 먹는 아기에게도 좋은 재료예요. 또한 필수 아미노산, 비타민 B군, 칼슘, 섬유질이 풍부해 아기의 성장에 도움이 돼요. 오트밀은 쌀과 마찬가지로 알레르기를 적게 일으키는 재료이기 때문에 쌀과 동시에 시작해도 큰 무리 없이 지나가는 경우가 많아요. 빠른 소고기 이유식을 위해서 하루 뒤에 바로 소고기를 식단표에 넣었어요. 하루만 먹고 끝나는 것이 아니라 오트밀 쌀죽을 계속 먹이는 것이니 적응은 크게 걱정하지 않아도 돼요. 만약 아기가 소고기 이유식을 거부하게 되더라도 철분이 풍부한 오트밀을 먼저 식단표에 넣어 철분 부족 걱정도 덜 수 있어요. 하지만 오트밀 역시 잡곡이기 때문에 쌀과 오트밀의 비율이 50%를 넘기지 않는 게 좋을 것 같아요.

오트밀은 8배죽으로 만들면 10배죽인 쌀죽과 섞어서 베이스의 되기를 살짝 올려줄 수 있어요.

오트밀은 나중에 유아식으로 넘어가도 간식이나 바나나, 블루베리와 같은 토핑을 얹어 간단한 아침으로 활용할 수 있어요.

🍲 **재료** (15mL 큐브 9~10개)

◦ 퀵 오트밀 20g
◦ 물 160mL

① 퀵 오트밀과 물을 냄비에 넣어요.

② 확 끓어오르면 약불로 줄이고 1분 정도 더 끓여요. 번거롭다면 전자레인지에 3분 정도 돌려도 괜찮아요.

③ 불을 끄면 살짝 식으면서 오트밀이 퍼져요. 전자레인지에 돌려도 5분 정도 두면 오트밀이 퍼져요.

④ 그냥 먹어도 입에서 녹지만, 첫 오트밀이니 핸드블렌더로 한 번 갈아요.

⑤ 큐브에 담아 냉장, 냉동 보관해요. 미리 만들어둔 쌀죽과 섞어서 주면 돼요.

> **TIP**
>
> 오트밀은 롤드 오트밀이 제일 입자가 크고 거칠고, 그다음으로는 퀵 오트밀, 마지막으로는 인스턴트 오트밀 순이라, 인스턴트 오트밀이 제일 먹기 편해요. 이유식은 퀵 오트밀을 사용하면 적당해요. 질감을 빠르게 올리기 위해 오트밀 가루는 사용하지 않았어요.

> **TIP**
>
> 오트밀은 멸균 제품이 아니기 때문에 정수기 물에 불려서 아기에게 바로 주는 것은 아직 권장하지 않아요. 돌이 지나면 정수기 물을 넣고 전자레인지에 1분 정도만 돌려서 퍼지게 한 후 바로 먹일 수 있어요.

> **TIP**
>
> 전자레인지에 오트밀을 돌릴 때는 오트밀이 넘칠 수 있으니 중간중간 확인하면서 나누어 돌려야 해요. 전자레인지의 성능과 오트밀과 물의 비율에 따라 오트밀이 넘칠 수 있어요.

소고기

이유식용 소고기는 기름기 없는 부위라면 뭐든 가능해요. 대표적으로 사용하는 부위는 안심이지만, 비싸서 부담스러울 때가 있어요. 그럴 때는 꾸리살, 우둔살, 홍두깨살, 설도 등 기름기가 없는 부위를 사용하면 된답니다. 한우가 아니어도 수입육이나 냉동육도 괜찮아요. 영양소에 큰 차이가 있는 건 아니니까요. 하지만 우리가 좋아하는 1등급 1⁺나 1⁺⁺는 기름기가 많으니, 이유식용으로는 지방이 적은 2등급이 좋아요.

초기에는 소고기를 생고기 기준 하루에 최소 10g 정도 먹여야 하는데, 익히면 수분이 빠져 6~7g으로 줄어들기 때문에 생각보다 양이 적어요. 소고기 10g은 최소 요구량이라서 아기가 잘 먹는다면 조금 더 먹어도 괜찮아요.

간혹 아기에게 오늘 소고기 10g을 못 먹였다고 걱정하는 엄마들이 있어요. 분유를 먹는 아기라면 분유에 철분이 상당량 들어 있고, 오트밀이나 잎채소에도 철분이 있어요. 그러니 하루 이틀 정도 고기를 조금 덜 먹였다고 빈혈이 생기거나 하지는 않으니 너무 걱정 마세요.

🍲 **재료** (큐브 10개로 나누기)

○ 다진 소고기 100g
○ 물 500mL

① 소고기는 키친타월로 꾹꾹 눌러 핏물을 제거해요.

② 소고기와 물을 냄비에 같이 넣고 5분 정도 팔팔 끓여요. 올라오는 거품은 다 걷어요.

③ 불을 끄고 한 김 식으면 소고기만 건져요.

④ 핸드블렌더로 곱게 갈아요. 잘 갈리지 않으면 소고기 육수를 살짝 넣고 갈아요. 저는 볶음주걱으로 세 번 넣었어요.

⑤ 큐브에 담아 보관해요. 생고기 100g을 갈아서 만들었으니 큐브 10개에 나눠 담아 1개씩 주면 하루에 생고기 기준 10g 정도 먹이게 돼요.

⑥ 육수는 모유 저장팩이나 용기에 담아 보관해요. 엄마·아빠 미역국이나 뭇국 만들 때 사용해도 되고, 아기 죽 만들 때 육수로 활용해도 돼요.

🏷️ **TIP** 소고기 핏물 제거

소고기는 물에 오래 담가두면 과도하게 핏물이 제거돼 철분이 빠져나가요. 다진 고기가 아니라 덩어리 고기라면 흐르는 물에 살짝 씻어주는 정도면 괜찮아요.

🏷️ **TIP**

저는 소고기 육수만 넣어 죽을 만들지는 않았어요. 제 기준에 소고기 육수만 넣고 죽을 만들면 약간 느끼한 감이 있더라고요. 대신에 소고기 육수와 소고기, 가지, 들깨 등을 넣고 죽을 만들어서 특식을 만들어준 적은 있어요.

🏷️ **TIP** 중·후기의 소고기 큐브

중기에는 육수의 비중을 줄여서 핸드블렌더로 살짝 갈아주면 아기가 입자를 느낄 수 있어요. 그 후에는 처음부터 잘게 다진 고기를 구입해서 익히는 것이 편해요. 이가 없어 잇몸과 혀로 으깨야 하는 아기에게 고기는 질길까 봐 후기에도 다른 재료 보다 입자 크기를 작게 만들어줬어요. 대신 당근이나 무 같은 부드러운 재료의 입자 크기를 키웠어요.

애호박

애호박은 이유식 재료 중 가장 사랑받는 재료 중 하나예요. 부드럽고 연해서 아기들이 잘 먹고 알레르기도 잘 일어나지 않는 재료라 애호박으로 시작하는 이유식 식단표가 많아요. 저도 섬유소, 비타민, 미네랄이 풍부하고 소화에 도움을 주는 애호박을 첫 채소로 선택했어요. 익었을 때 단맛이 나서 그런지 지율이도 애호박을 좋아해서 중·후기에는 한꺼번에 애호박 2개씩 손질해서 매 끼니마다 꺼내주기도 했어요.

애호박은 상처가 나지 않고 쭉 뻗은 싱싱한 것으로 준비해주세요.

재료 (15mL 큐브 13개)

○ 애호박 1개

① 애호박의 양끝을 잘라내요.

② 찌기 적당하도록 1cm 정도 두께로 썰어요.

③ 씨는 제거하지 않아도 되지만, 껍질은 초기에는 벗기는 게 좋아요.

④ 찜기에 6~7분 정도 쪄요. 애호박이 살짝 투명해지거나 젓가락으로 가장자리를 찔렀을 때 걸리지 않고 푹 들어가면 된 거예요(70쪽에서 찌는 시간에 대한 이야기를 꼭 읽어주세요).

⑤ 핸드블렌더로 곱게 갈아요.

⑥ 큐브에 담아 보관해요.

TIP 애호박 껍질 벗기기

초기부터 식이섬유가 풍부한 애호박 껍질을 먹이기에는 약간 부담스러울 것 같아서 초기에는 껍질을 벗겼지만, 중기부터는 껍질을 벗기지 않았어요.

TIP

큐브에 일정한 양을 담고 싶다면 저울 위에 큐브틀을 올리고 무게를 재가면서 담아요. 10g씩 담아도 좋고 15g씩 담아도 좋아요. 일정하게 담으면 아기가 먹는 양을 확인하기 편해요.

브로콜리

요즘 아기들은 이유식부터 브로콜리를 먹어서 그런지 유아식에서도 브로콜리가 익숙해요. 브로콜리는 모든 영양분이 골고루 있어 완벽에 가까울 정도로 좋은 재료예요. 이미 슈퍼 푸드로 널리 알려져 있죠. 단백질, 칼슘, 마그네슘, 비타민 C가 많이 함유돼 있고, 철분도 들어 있어 이유식에도 안성맞춤이에요.

초기의 브로콜리는 기둥을 다 잘라주고 꽃 부분만 사용할 거라 아예 기둥이 손질된 제품을 구입하는 것도 좋아요. 남은 기둥을 엄마·아빠가 다 먹으면 괜찮지만 저는 기둥만 먹고 싶지는 않아서 두 번째부터는 처음부터 손질된 브로콜리를 구입했어요.

브로콜리는 노란 꽃이 피지 않은 것이 신선해요. 꽃이 단단하고 위로 볼록 튀어나온 것이 좋은 브로콜리랍니다.

🍲 **재료** (15mL 큐브 20개)
◦ 브로콜리 1개

① 브로콜리를 물에 담가 씻어요.

② 기둥은 잘라내고 꽃만 남겨요. 손질된 제품을 구입하면 편리해요.

③ 찜기에 10분 정도 푹 찌면 색이 살짝 변해요.

④ 핸드블렌더로 곱게 갈아요.

⑤ 큐브에 담아 보관해요.

TIP 브로콜리 세척

브로콜리는 하나하나가 다 꽃이에요. 그 꽃에 먼지가 있을 수 있으니, 꽃이 아래로 향하게 물에 담가주세요. 20분 정도 담근 후에 다시 깨끗한 물에 흔들어 헹궈주면 꽃 안의 벌레까지 제거할 수 있어요.

TIP 브로콜리 익히는 법

찜기가 없으면 냄비에 물을 끓여 2분 정도 삶아주세요. 하지만 브로콜리에는 수용성 비타민이 많이 있어 데치면 비타민이 물에 다 녹아서 빠져나가요. 그래서 찌는 것을 더 추천해요.

TIP

초기 말 이후에 브로콜리를 다질 때는 포크로 다져도 쉽게 다질 수 있어요.

단호박

단맛이 나는 단호박을 초기에 넣은 이유는 아기에게 먹는 즐거움을 주고 싶었기 때문이에요. 단호박은 비타민 B12, 엽산, 칼륨, 칼슘이 풍부해요. 하지만 그중에서도 대표적으로 베타카로틴(체내에서 비타민 A로 전환)이 많이 함유돼 있어, 아기의 눈 건강과 면역에 도움을 줘요. 비타민 C도 많이 함유돼 있어 감기 예방 효과도 있답니다. 단호박은 곰팡이가 피지 않고 깨끗하고 신선한 것을 구입하세요. 손질된 단호박을 구입하면 편리해서 좋아요.

🍚 재료 (15mL 큐브 20개)

○ 단호박 1개

① 씻어서 전자레인지에 3분 정도 돌린 단호박을 반으로 잘라 숟가락으로 씨를 제거해요. 그냥 자르면 단단해서 손을 다칠 수 있어요.

② 찜기에 15분 정도 푹 쪄요. 젓가락으로 가장자리를 찔렀을 때 걸리지 않고 푹 들어가면 다 익은 거예요.

③ 한 김 식으면 껍질을 제외한 부분을 숟가락으로 파내요.

④ 포크나 매셔로 으깨요. 질감이 너무 되면 아기가 거부할 수 있으니 숟가락으로 5번 정도 찜기 물을 떠서 넣었어요.

⑤ 큐브에 담아 보관해요.

> **TIP**
>
> 달달한 재료로는 고구마도 있지만 감자나 고구마같이 밥을 대체할 정도로 탄수화물이 많은 재료는 초기 이유식에 넣지 않았어요. 밥도 탄수화물인데 반찬도 탄수화물이면 영양소를 골고루 섭취하지 못할 것 같았어요.

> **TIP**
>
> 중·후기부터는 아기가 잘 먹으면 껍질도 같이 으깨서 주면 좋아요.

> **TIP**
>
> 손질된 단호박을 준비했다면 전자레인지에 돌리는 과정은 생략해도 돼요.

닭고기

소고기와 함께 두 번째로 먹일 고기류는 닭고기예요. 비타민 B군과 필수 아미노산이 다량 함유돼 있어 아기의 두뇌 발달에 도움을 줘요.

닭고기는 보통 지방이 적은 안심과 가슴살을 많이 사용해요. 지방이 없어서 퍽퍽하다고 느낄 수 있지만, 그만큼 기름기가 없기 때문에 이유식에 안성맞춤이에요. 안심과 가슴살 둘 다 써보니 저는 안심이 더 부드럽고 좋았어요. 하율이 이유식에는 안심만 사용했는데 지율이 이유식에는 중·후기쯤부터 가슴살도 같이 사용했어요.

닭고기는 생고기로 보관하면 비린내가 심해지고 금방 상해요. 그래서 생고기는 구입하자마자 바로 익혀서 큐브로 만드는 것이 좋답니다. 여기에서는 닭 안심살로 큐브를 만들어볼게요.

🍲 재료 (15mL 큐브 23개)

○ 닭고기(안심) 300g   ○ 분유물

① 닭고기를 분유물에 20분 정도 담가요. 이 시기의 아이들은 아직 우유를 먹지 못해 우유 대신 분유물에 담갔어요. 모유수유하는 아기는 남은 모유나 스틱 분유를 써도 돼요.

② 힘줄과 얇은 막을 제거해요.

③ 냄비에 물을 넣고 손질한 닭고기를 넣은 후 15~20분 정도 팔팔 끓여요. 올라오는 거품은 다 걷어요.

④ 한 김 식으면 닭고기만 건져서 핸드블렌더로 갈아요. 잘 갈리지 않으면 닭 육수를 조금 넣어요. 저는 숟가락으로 10번 정도 넣었어요.

⑤ 큐브에 담아 보관해요.

⑥ 닭 육수는 소고기 육수처럼 모유 저장팩에 담아 보관해요. 엄마·아빠 칼국수 만들 때 사용해도 되고, 아기 죽 만들 때 육수로 활용해도 돼요.

TIP 닭고기 힘줄 제거

얇은 막은 그냥 손으로 벗겨내면 간단하게 제거가 가능한데, 힘줄은 칼로 제거해야 해요. 힘줄 끝을 손으로 잡고 칼로 쓱 긁으면서 닭고기를 밀어주면 돼요. 뒤집어서 한 번 더 밀어주면 깔끔하게 힘줄만 제거돼요. 어차피 큐브로 만들 테니 닭고기가 부서지는 것은 신경 쓰지 마세요.

▲ 닭고기 힘줄 제거하는 법

양배추

양배추는 섬유질이 풍부해요. 겉잎에는 비타민 A, 철분, 칼슘이 풍부하고, 속잎에는 비타민 B군, 비타민 C, 비타민 U가 들어 있어요. 비타민 U는 위(胃) 장관 세포 재생을 도와줘, 속이 쓰리거나 위가 안 좋은 사람에게 양배추를 권장해요.

양배추는 크게 1통을 구입해도 좋아요. 남으면 사용할 곳이 많으니까요. 양배추쌈으로 먹어도 좋지만 닭갈비에 채소로 넣거나 떡볶이에 넣어도 맛있어요.

양배추는 둥근 모양에 적당히 초록색을 띠는 것을 고르면 돼요. 너무 색이 짙거나 모양이 둥글지 않은 것은 피해주세요.

○ 양배추 잎 여러 장(300g)

① 양배추는 너무 억세지 않은 부분으로 잎을 몇 장 떼서 깨끗하게 씻어요.

② 잎을 3등분으로 잘라 찜기에 7분 정도 쪄요. 너무 잘게 자르면 찜기에서 꺼낼 때 불편해요.

③ 찐 양배추는 수분을 많이 머금고 있어서 핸드블렌더로 갈면 곱게 갈려요.

④ 큐브에 담아 보관해요.

TIP 양배추 심

심 부분은 식이섬유가 많아서 소화가 잘 안될 수도 있고, 완전히 익히고 갈아도 걸리는 부분이 생겨서 초기에는 쓰지 않았어요. 중기에는 그냥 심까지 푹 익혀서 다져줬답니다.

밀가루

밀가루는 7개월 이전에 아기에게 먹여야 알레르기가 일어날 확률을 낮춰준다고 해서 6개월 초기 식단표에 넣어줬어요. 알레르기를 테스트한다고 딱 한 번 먹이고 마는 것이 아니라 꾸준히 노출해서 알레르기가 생기지 않도록 도와준다고 생각하면 돼요. 죽을 만들 때 같이 넣어도 좋고 밀가루만 넣어 만든 유기농빵을 종종 간식으로 먹이는 걸로도 충분하답니다. 하지만 식빵은 꼭 구워주세요. 아기가 먹다가 자칫 목에 걸릴 수 있어요. 후기에는 토핑과 육수를 넣어 국수를 말아줘도 돼요.

　가장 많이 사용하는 방법은 밀가루쌀죽을 만드는 것인데, 죽을 만들 때 양에 따라 밀가루를 1~2작은술 넣고 끓여주면 돼요. 주의할 점은 다 만들어진 이유식에 밀가루를 뿌리지 말고 죽을 만들 때 밀가루를 넣어 멸균하라는 점이에요. 그렇게 만든 밀가루쌀죽은 똑같이 큐브로 만들어서 보관했다가 먹이면 된답니다.

　지속적인 노출로 향후 알레르기가 일어나지 않게 하기 위함이니, 식단표에 없더라도 초기뿐만 아니라 중·후기에도 꾸준히 주 1~2회 정도 노출시켜주세요.

🍲 재료

○ 밀가루 1작은술

① 쌀죽의 레시피를 활용해 비율을 맞
춘 뒤, 밀가루를 넣고 핸드블렌더로
갈아요.

② 아기의 적응도에 따라 되기를 조절
하며 쌀죽을 끓여요.

③ 용기나 큐브에 담아 보관해요.

TIP

일반적으로 5~6회분의 죽을 만들 때는 밀가루 1작은술 넣
으면 돼요. 그런데 끓는 죽에 밀가루를 넣으면 밀가루가
뭉쳐버릴 수 있어 같이 넣고 핸드블렌더로 갈아줬어요. 한
끼 분량의 죽을 만들 때에는 한 꼬집 골고루 뿌린 뒤 한 번
끓여서 멸균해주면 돼요.

TIP

이렇게 만들어둔 밀가루쌀죽은 큐브로 냉동했다가 중기
에 만들어둔 잡곡죽과 조금씩 섞어서 사용할 수 있어요.

TIP 밀가루, 전분가루, 부침가루, 쌀가루

• 밀가루: 글루텐에 따라 박력분, 중력분, 강력분으로 나뉘어요. 글루텐이 많이 들어 있으면 잘 뭉치고 쫀득쫀득해져요.
반대로 박력분은 글루텐이 10% 이하로 들어 있어, 부드럽고 바삭한 식감이에요. 저는 이유식에 박력분을 사용했어요.
이렇게 밀가루쌀죽으로 줄 때는 밀가루를 소량만 사용하기 때문에 집에 있는 것을 사용해도 괜찮아요. 후기쯤 돼서 밀가
루를 넣어 반죽을 치대거나 빚어야 하는 상황이 생긴다면, 박력분을 사용하는 것이 글루텐을 줄일 수 있어요.

• 전분가루: 보통 감자, 고구마, 옥수수 등에서 나오는 전분을 가루로 만든 제품이에요. 걸쭉한 국물을 만들 때 써요. 물
에 녹지 않아 찬물에 섞어서 한참 두면 물과 분리돼요. 뜨거운 물이 닿으면 앙금처럼 뭉치기 때문에 찬물에서 섞어서 사
용해요. 중국 요리에서 많이 사용되죠. 또 반죽이나 튀김에도 넣을 수 있어요. 고구마 전분은 색이 진하고 옥수수 전분은
잘 엉겨 붙지 않아서 저는 (이유식할 때) 감자 전분을 썼어요.

• 부침가루: 밀가루에 많은 것을 섞어 만들어요. 보통 소금, 설탕, 전분, 양파, 마늘, 후추 등이 들어 있고 베이킹파우더도
들어 있어요. 기본적으로 간이 돼 있어 어른이 먹을 때는 따로 간을 할 필요가 없다는 장점이 있지만, 그 때문에 이유식할
때는 사용하지 않았어요.

• 쌀가루: 아기에게 먹이기에 가장 부담스럽지 않아 많이 사용해요. 아기 간식을 만들거나 빵류를 만들 때 사용하는데, 밀
가루보다 덜 뭉쳐지고 결속력이 떨어져서 밀가루랑 같이 활용하기도 해요.

당근

당근은 지율이가 최고로 좋아하는 채소 중 하나예요. 후기에 이유식 거부가 왔을 때도 당근을 주면 입을 쩍쩍 벌렸답니다. 익힌 당근은 단맛이 나고 아기가 잇몸으로 씹기에도 충분히 부드러워요.

　사과와 궁합이 좋아서 함께 퓌레를 만들어줘도 좋답니다. 당근에는 베타카로틴이 많이 있어 눈 건강과 면역력에도 좋아요. 그 외에 칼륨, 펙틴 등도 함유돼 있어요.

　색이 예뻐 토핑으로 사용하기에도 좋은 당근은 단단한 뿌리채소라 완전히 소화가 되지 않아서 아기의 변으로 나오는 경우가 많답니다. 하지만 걱정하지 말고 아기가 그 입자를 거부 없이 잘 먹는다면, 그대로 진행하면 돼요. 다만 질산염이 포함된 채소이니 180일 이후에 먹여주세요.

　저는 주로 흙당근을 구입하는 편이에요. 당근은 만화에서 나오는 모양처럼 아래가 좁고 위가 넓은 것이 좋은 당근이에요. 주황색이 선명하고 만졌을 때 단단한 것이 신선한 당근이랍니다.

🍲 **재료** (15mL 큐브 20개)

○ 당근 2개(300~350g)

① 당근은 물로 깨끗하게 씻고 감자칼로 껍질을 얇게 벗겨요.

② 양끝은 2cm 정도 잘라내고 가운데 부분만 사용해요.

③ 당근은 단단해서 익히는 데도 시간이 꽤 걸려요. 시간을 단축하기 위해 1~1.5cm 두께로 썰어요.

④ 찜기에 10분 정도 쪄요. 젓가락으로 가운데를 찔렀을 때 걸리지 않고 푹 들어가면 불을 끄고 한 김 식혀요.

⑤ 핸드블렌더로 갈아요. 아기가 어느 정도 이유식에 적응했다면 질감을 느낄 수 있도록 적당히 끊어가며 갈아요.

⑥ 큐브에 담아 보관해요.

🍴 **TIP** 당근의 효능

당근은 눈 건강에 좋다고 알려져 있지만, 익힌 당근은 아기가 설사할 때도 도움이 돼요. 8개월쯤 장염에 걸린 지율이에게 쌀죽을 주고, 조금 나아진 후에 당근을 토핑으로 먹인 적이 있어요. 대신 변비에 걸렸을 때는 익힌 당근의 양을 줄이거나 당근 토핑을 아예 빼는 것이 좋아요.

시금치

아이들이 싫어하는 음식 중 하나가 시금치죠. 그래서 시금치를 좋아하는 '뽀빠이'라는 만화 캐릭터도 나왔나 봐요. 이유식 때부터 시금치 먹는 습관을 들여서 편식하지 않도록 도와주는 것도 좋아요.

시금치는 비타민 C가 풍부하고 비타민 A, 비타민 E를 비롯해서 칼슘과 철분까지 들어 있어요. 다만 시금치는 다른 질산염이 많이 포함된 채소이니 만 6개월 이후에 먹여요.

잎채소는 만들면 숨이 확 죽어서 큐브에 담으면 다른 것보다 양이 많아요. 그래서 저는 중기에도 한동안 15mL 큐브를 활용했어요.

🍲 재료 (15mL 큐브 20개)

○ 시금치 400g

① 초기의 시금치는 잎만 사용할 거예요. 줄기는 칼로 잘라내요. 시금치가 크고 억세다면 잎을 반 접어서 잎 안쪽 줄기도 잘라내요.

② 물에 1분 정도 데쳐요. 초기에는 질산염 때문에 데쳤지만, 중기 이후에는 쪘어요.

③ 손에 쥐고 적당히 수분을 짠 후 핸드블렌더로 갈아요. 수분을 너무 많이 없애면 잘 갈리지 않을 수 있어요.

④ 큐브에 담아 보관해요.

TIP 시금치와 두부의 궁합

시금치는 옥살산 성분이 있는데 물에 데치면 어느 정도 감소한답니다. 또한 두부처럼 칼슘이 많이 함유된 재료랑 함께 먹으면 옥살산 칼슘이 만들어지는데, 옥살산이 칼슘과 합쳐지면 결정이 돼서 신장 결석의 위험이 있다고 알려져 있어요. 저도 그렇게 알고 첫째 이유식에는 시금치와 두부를 같이 주지 않았는데요, 알고 보니 옥살산과 칼슘이 합쳐져 옥살산 칼슘이 되면 물에 녹지 않아 몸에 흡수되지 못하고 그대로 배출된다고 해요. 그래서 칼슘이 많은 재료와 함께 먹으면 칼슘의 흡수는 떨어질 수 있으나 오히려 신장 결석의 위험에서 벗어날 수 있어 함께 먹여도 괜찮아요. 하지만 시금치와 두부 모두 칼슘이 많은 재료니, 다른 재료와 함께 구성해도 좋을 것 같아요.

달걀(노른자)

예전에는 달걀은 노른자만 일찍 먹이고 흰자는 나중에 먹이는 것이 일반적이었어요. 그 이유는 흰자에 알레르기 반응을 보이는 아기가 많았기 때문이에요. 그런데 지금은 6개월에 노른자와 흰자를 같이 먹이라고 해요. 조기에 다양한 재료를 빨리 접할수록 알레르기를 일으킬 확률이 낮아진다는 이야기 때문이에요.

달걀을 노른자, 흰자 구분 없이 6개월에 시작한다는 내용은 제가 이유식을 마치고 나서 바뀐 내용이에요. 그래서 저는 노른자부터 시작했지만, 지금 시작하시는 분들은 같이 먹여도 괜찮아요. 다만 흰자가 알레르기를 잘 일으킬 수 있기 때문에 걱정이 된다면 노른자를 먼저 시작하고 1개월 정도 후에 흰자를 시작해 보세요.

🍲 **재료** (15mL 큐브 9개)

○ 달걀 3개

① 달걀은 껍데기에 오물이나 이물질이 묻어 있으니 물로 깨끗하게 씻어요.

② 달걀은 반드시 완숙으로 먹여야 해요. 보통 10분 이상 삶으면 완숙이라고 하는데, 저는 12분 삶았어요. 시간은 물이 끓고 나서부터 재요.

③ 노른자와 흰자를 분리해서 노른자는 체에 눌러요. 중기부터는 체에 거르지 않아도 돼요.

④ 큐브에 담아 보관해요.

TIP 노른자 예쁘게 만드는 법

삶는 초반에 1분 정도 젓가락으로 휘휘 저어주면 달걀 노른자가 가운데에 예쁘게 자리 잡아요.

TIP 중·후기의 달걀

중기로 넘어가면 달걀은 지단으로 만들어도 되고, 노른자를 칼로 다져서 줘도 돼요. 돌 이후에는 부드럽게 스크램블을 만들어서 줘도 된답니다.

TIP 달걀 고르기

• 동물복지: 닭장이 없어 사육 환경이 좋은 곳(평사, 방사)에서 자란 닭이 낳은 달걀

• 무항생제: 항생제 휴약 기간을 가졌거나 투약하지 않은 닭이 낳은 달걀

• 유정란: 암수가 함께 지내 닭장이 아닌 평사, 방사일 확률이 높은 수정된 달걀

• 유기농: 넓은 환경에서 키우며 항생제를 사용하지 않고, 유기농 사료를 먹은 닭이 낳은 달걀

중기 이유식
(만 7~8개월)

★ 잡곡은 여전히 50%를 초과하지 않도록 해요.

★ 소고기는 생고기 기준으로 최소 15~20g 먹여요.

★ 이유식은 여전히 간을 하지 않아요.

★ 아기의 치아와 관계없이 이유식 진도를 나가요.

★ 밤중수유를 끊어요.

★ 이유식으로 먹은 것이 변으로 나오기도 해요.

★ 빨대컵에 익숙해지도록 도와줘요.

★ 입자 크기는 키워도 잇몸이나 혀로 으깰 수 있도록 푹 익혀줘요.

중기 이유식 전에 알아두세요

입자 크기는 자연스럽게 조금씩 키워주세요

한 달 동안 고생하셨어요. 이제 중기 이유식이 됐어요. '오늘부터 중기 이유식 시작!' 하면서 갑자기 질감을 올리면 아기가 거부할 수 있다고 이야기했던 것 기억하시나요? 초기 끝무렵에는 초기보다 입자 크기는 키우고, 질감은 올려야 해요. 하지만 그렇다고 모든 재료를 그렇게 할 필요는 없어요. 큐브는 미리 만들어 냉동실에 얼려뒀는데 하루하루 입자 크기를 점점 키운다는 건 불가능해요. 초기에 만든 고운 큐브도 다 사용해야죠. 대신에 새로 만드는 재료 기준으로 조금씩 입자 크기를 높여주면 전체적으로 점점 올라갈 거예요.

선입선출, 먼저 만들어둔 큐브부터 사용하세요

잘 먹는 아기들은 이 시기에 입을 쩍쩍 벌려요. 하율이와 지율이도 가장 잘 먹은 시기가 바로 중기였어요. 중기는 두 달 동안 진행할 거예요.

끼니가 늘어나면서 큐브 개수가 갑자기 확 늘어나니 냉동실이 꽉 찰 거예요. 저는 김치냉장고 1칸을 비워서 이유식 전용으로 사용했어요. 만약에 식단표대로 따라가다가 재료가 뚝 떨어졌을 때는 냉동실에 많이 남아 있는 큐브로 대체해주세요. 전혀 문제없어요.

너무 많이 만들어서 처치 곤란한 큐브가 있다고요? 그럼 식단표대로 큐브를 꺼내고 거기에 많이 남은 큐브도 같이 꺼내주세요. 오히려 더 많은 반찬을 골고루 먹일 수 있어요. 만약 아기가 못 먹으면 남기면 돼요. 이유식을 하면서 절대로 스트레스받지 마세요.

또 새로운 재료를 줘야 하는데 재료를 미처 구입하지 못했을 때는 기존 재료로 4일 먹이고 5일 차에 새로운 재료를 추가해도 돼요. 하루 이틀 늦는다고 큰일 나지 않으니 융통성 있게 진행하도록 해요.

이 책에는 30일 치의 식단표를 담았지만 상황에 따라 40일에 걸쳐 진행해도 괜찮아요.

간식과 핑거푸드

중기가 되면 많은 엄마들이 분리수유와 간식을 시도해볼 텐데요, 아기가 이유식과 분유를 모두 잘 먹는다면 19~20쪽에 있는 간식 먹이는 방법을 참고해서 조금씩 주세요. 그리고 아직 밤중수유를 끊지 못했고 아기가 이유식을 잘 먹지 않는다면 밤중수유 끊기부터 시도해보세요. 그럼 이유식량이 늘기도 해요.

마늘 같은 향신료도 소량은 사용할 수 있다고 하는데 저는 혹시나 이유식을 거부할까 봐 중기에는 사용하지 않았어요.

TIP 핑거푸드

이 시기에는 핑거푸드도 시도해볼 수 있어요. 핑거푸드를 시작하면 아기가 먹고 싶은 것을 골라 먹기도 하고 주변을 난장판으로 만들기도 해요. 저는 핑거푸드를 거의 하지 않다가 중기가 지나 후기쯤에 당근을 큐브 모양으로 썰어주면서 스스로 집어먹게 했는데요, 그 이유는 난장판이 된 집을 매일 치울 자신도 없었고, 질식 위험에 제대로 대처할 자신도 없기 때문이에요. 하임리히법은 숙지하고 있었지만 혹시 모를 걱정이 들어 핑거푸드를 거의 하지 않았어요.
손과 눈 그리고 입의 협업 운동은 쪽쪽이를 집어서 입에 가져가는 일상적인 행동으로도 충분히 발달할 수 있다고 생각해요. 반드시 해야 하는 것은 아니예요. 하고 안 하고는 엄마의 선택이니, 엄마와 아기의 상황에 맞게 진행하시면 된답니다.

중기 이유식 1단계 스케줄

중기 이유식 식단표는 세 끼 기준으로 만들었어요. 하지만 아기가 아직 두 끼만 먹는다면 저녁을 빼고 아침, 점심만 먹이면 돼요. 저도 그렇게 식단표를 짰지만 중기 중반쯤부터 지율이에게 세 끼를 차려줬어요. 하지만 갑자기 끼니를 늘리면 아기에게 부담이 될 수 있으니 이유식 먹는 양이 너무 많지 않을 때 세 끼로 늘려주면 된답니다.

♥ 지율이의 225일 차 세 끼 이유식 스케줄

시간	이유식 횟수(용량)	수유 횟수(용량)
오전 7시	-	수유 1(200~240mL)
오전 9시	이유식 1(140g)	-
오후 12시 반	이유식 2(140g)	-
오후 2시 반	-	수유 2(200mL)
오후 4시 반	이유식 3(140g)	-
저녁 7시	-	수유 3(200~240mL)
총량	이유식 420g, 수유 600~680mL	

중기 이유식 1단계 한 끼 식사 예시

한 끼 식사 예시를 보여드릴게요. 입자 크기는 참고만 하시고 아기에 맞게 진행하시면 돼요.

토핑 1 **닭고기**

토핑 2 **당근**

토핑 3 **청경채**

베이스 **현미쌀죽**

간식 **바나나 퓌레**

중기이유식 1단계 식단표

구분		1일차	2일차	3일차	4일차
아침	베이스	오트밀쌀죽 (7배죽)			———
	토핑	소고기, (청경채) 당근			———
점심	베이스	밀가루쌀죽			———
	토핑	닭고기, 애호박, 브로콜리			———
저녁 (세 끼 먹는 아기만)	베이스	오트밀쌀죽			———
	토핑	소고기, 양배추, 단호박			———

구분		11일차	12일차	13일차	14일차
아침	베이스	오트밀쌀죽		오트밀쌀죽	
	토핑	소고기, (감자) 브로콜리		소고기, 감자, (오이)	
점심	베이스	쌀죽		쌀죽	
	토핑	닭고기, 청경채, 당근		닭고기, 애호박, 브로콜리	
저녁 (세 끼 먹는 아기만)	베이스	현미쌀죽		현미쌀죽	
	토핑	소고기, 두부, 애호박		달걀(노른자), 시금치, 당근	

구분		21일차	22일차	23일차	24일차
아침	베이스	———	쌀죽		
	토핑	———	소고기, (무) 애호박, 브로콜리		
점심	베이스	———	쌀죽		
	토핑	———	닭고기, 감자, 당근		
저녁 (세 끼 먹는 아기만)	베이스	———	오트밀쌀죽		
	토핑	———	달걀(노른자), 시금치, 당근		

중기에도 세 끼를 못 먹는 아기들이 있어요. 그럴 때는 아침 식단을 사용하고 점심, 저녁 식단 중에서 택해서 식단표를 활용할 수 있어요.

5일차	6일차	7일차	8일차	9일차	10일차
현미쌀죽			오트밀쌀죽		—
소고기, 양배추, 단호박			소고기, 두부, 애호박		—
오트밀쌀죽			쌀죽		—
닭고기, 브로콜리, 당근			닭고기, 단호박, 시금치		—
쌀죽			현미쌀죽		—
달걀(노른자), 청경채, 당근			닭고기, 브로콜리, 당근		—

15일차	16일차	17일차	18일차	19일차	20일차
—	오트밀쌀죽			오트밀쌀죽	
—	소고기, 사과, 당근, 청경채			닭고기, 양파, 당근	
—	쌀죽			쌀죽	
—	닭고기, 감자, 오이			소고기, 단호박, 브로콜리	
—	현미쌀죽			현미쌀죽	
—	닭고기, 양배추, 당근			두부, 사과, 양배추	

25일차	26일차	27일차	28일차	29일차	30일차
쌀죽			쌀죽		
소고기, 새송이버섯, 청경채			닭고기, 고구마, 청경채, 당근		
현미쌀죽			쌀죽		
닭고기, 단호박, 양파			소고기, 새송이버섯, 양파, 브로콜리		
쌀죽			오트밀쌀죽		
두부, 무, 단호박, 브로콜리			달걀(노른자), 시금치, 감자		

쌀죽(중기 1단계)

초기에 쌀죽이 10배죽(불린 쌀 기준)이었다면 이제는 7~8배죽으로 시작해요. 하지만 저는 밥으로 만들었기 때문에 3.5배죽 정도로 질감을 올려줬어요. 아기가 초기에 이미 세 끼를 시작해서 먹는 양이 꽤 많다면 제시한 양보다 밥과 물을 더 많이 넣어서 만들어보세요. 3일 치만 냉장 보관하고 나머지는 냉동 보관하면 돼요.

　이제 한 달 동안 이유식을 하면서 아기가 먹는 농도를 어느 정도 파악했을 거예요. 물이 너무 적다 싶으면 끓이면서 조금 더 넣어줘도 되고, 많다 싶으면 약불로 더 오래 끓여주면 돼요. 하지만 식는 과정에서 밥이 퍼지면 조금 되질 수 있으니 끓일 때 평소에 먹는 농도보다 살짝 묽게 해주세요.

🍲 재료 (50mL 큐브 10~11개)

○ 쌀밥 150g
○ 물 550mL

① 갓 지은 쌀밥에 물을 100~150mL 정도 넣어요.

② 핸드블렌더로 갈아요. 초기보다는 입자가 커야 해요. 밥알 크기가 1/3 정도 되도록 갈아요. 저는 1초씩 끊어서 8번 정도 갈았지만, 아기가 먹는 입자 크기에 맞춰 갈아주는 것이 가장 좋아요.

③ 냄비에 간 밥과 나머지 물을 넣고 끓여요.

④ 강불로 끓이다가 확 끓어오르면 약불로 줄이고 5분 정도 더 끓여요. 불을 끈 상태에서도 한동안 저어야 눌어붙지 않아요.

⑤ 한 김 식으면 큐브에 담아 냉동 보관해요.

TIP

된밥, 진밥, 끓이는 시간, 화력 등에 따라서 똑같이 만들었어도 죽의 되기가 조금씩 차이가 날 거예요. 죽이 너무 퍼져서 평소 아기가 먹는 것보다 되직해졌다면 끓인 물을 넣고 섞어주면 되니 걱정 마세요.

TIP

아기마다 먹는 양이 다를 거예요. 아기가 먹는 양에 맞춰 적당한 큐브 크기를 골라야 해요. 지율이는 이 시기에 50mL 큐브를 활용해 쌀죽을 보관했다가 양이 확 늘어서 100mL 큐브를 사용했고, 중기 2단계 이후에는 용기에 넣어 냉장, 냉동 보관했어요(세 끼 먹어서 양이 많은 아기들은 이 방법이 편할 거예요).
양을 조절할 때는 20~30mL 큐브에 미리 만들어둔 잡곡을 추가로 넣었어요. 20~30mL 큐브를 주로 사용했지만, 큐브로 만들면 양이 확 줄어드는 잎채소는 여전히 15mL를 쓰기도 했어요.

청경채

엄마들이 잘 모르는 것 중 하나가 청경채도 질산염 함량이 꽤 높은 채소라는 거예요. 그래서 만 6개월 이전에는 먹이지 않는 것이 좋아요. 청경채에는 베타카로틴, 칼슘, 비타민 K와 비타민 C가 들어 있어요. 또한 수용성 비타민과 무기질이 풍부해서 물에 데치기보다는 찌는 것을 추천해요. 저는 몇몇 재료 외에는 대부분 쪄서 큐브를 만들었어요.

　보통 초기 이유식에 청경채와 비타민 등 잎채소를 많이 쓰는데요, 저는 줄기도 사용하려고 중기까지 기다렸어요. 쉽고 편한 이유식을 하려고요.

　청경채는 잎이 진한 초록색이고 줄기가 단단한 것을 고르면 좋아요.

🥄 재료 (20mL 큐브 10개)

○ 청경채 300g

① 청경채의 줄기 끝을 잘라내요. 칼로 썰어도 되고 손으로 하나씩 따도 좋아요.

② 냄비에 찜기를 올리고 깨끗하게 씻은 청경채를 7분 정도 쪄요. 너무 오래 찌면 색이 짙게 변해요.

③ 첫 잎채소이니 핸드블렌더로 약간 곱게 갈아요.

④ 큐브에 담아 보관해요.

TIP

당근이나 청경채처럼 지용성 비타민인 베타카로틴이 함유된 재료는 참기름을 몇 방울 넣어서 같이 익히면 영양을 놓치지 않고 섭취할 수 있으니, 아기가 만 9~10개월 지난 후에 활용해보세요.

TIP

잎채소는 익히고 다지면 양이 확 줄어들어요. 그래서 후기쯤부터는 한 번에 2봉지씩 구입해서 큐브로 만들었어요.

TIP *중·후기의 청경채*

첫 잎채소라 핸드블렌더로 갈았지만 아기가 입자에 거부 반응을 보이지 않는다면 다음 재료부터는 다지기를 사용하면 돼요.

현미(7배죽)

지율이 이유식에는 한 달에 1개씩 새로운 잡곡을 넣어줬는데요, 오트밀 다음으로 현미를 선택했어요. 도정하지 않은 쌀인 현미는 소화가 조금 더딜 수는 있지만 이유식 단계부터 좋은 식습관을 잡아줄 수 있는 통곡물이에요.

　중기 2단계와 후기에는 처음부터 현미와 쌀을 섞어 밥을 지어서 죽을 만들었는데, 중기 1단계에는 현미로만 밥을 지어서 죽 큐브를 만들었어요. 이유식의 양이 일정하게 유지되기 전에는 점차 양을 늘려가야 해서 이렇게 큐브로 만들어서 넣어가며 양을 조절하는 것이 편했어요. 저처럼 현미로만 밥을 지어도 되고 쌀과 현미를 섞어 밥을 지어도 돼요. 그런데 현미로만 밥을 지으면 큐브를 만들고 남은 밥을 처리하기 힘드니 처음부터 쌀과 현미를 섞어 밥을 짓고 큐브로 만든 후 남은 밥은 엄마·아빠가 먹는 방법도 좋아요. 여기에서는 현미와 쌀을 섞은 밥으로 해볼게요.

🍚 **재료** (80mL 큐브 4개)

○ 현미밥 100g
○ 물 400mL

① 쌀과 현미를 5:5, 7:3 등으로 섞어 물에 8시간 이상 불린 후 밥을 지어요.

② 갓 지은 현미밥에 물을 소량 넣고 핸드블렌더로 갈아요.

③ 간 현미밥과 나머지 물을 냄비에 넣고 끓여요. 쌀죽 끓이는 방법과 같아요.

④ 한 김 식으면 큐브나 용기에 담아 보관해요.

🎗 **TIP** 잡곡의 비율

두 돌 전까지 쌀과 잡곡의 비율은 50%를 넘지 않는 것이 좋다고 해요. 하지만 저도 50%는 먹기가 조금 힘들어서 30%의 비율로 밥을 짓고 아기들도 그렇게 먹이고 있어요. 중요한 것은 유아식에 가서도 엄마·아빠와 함께 쭉 잡곡을 먹는 거예요.

🎗 **TIP**

다음 재료에 감자가 있는데 현미밥 지을 때 밥솥에 같이 넣으면 간단하게 찔 수 있어요.

두부

'밭에서 나는 고기'라는 별명이 붙은 두부는 콩으로 만들어 단백질과 칼슘이 풍부해요. 그래서 이유식에도 자주 사용되는 재료예요.

　이유식을 하고 남은 두부는 된장찌개 등 여러 요리에서 활용할 수 있으니 굳이 큐브로 만들어서 얼릴 필요는 없어요. 하지만 저는 두부를 자주 먹는 편이 아니라 한번 구입하면 기한 내에 소진하지 못해서 큐브로 만들어 얼리기로 했어요. 보통 두부를 얼리지 않는 분들이 많은데, 두부는 수분이 많아서 변질되기 쉬워요. 두부는 냉동하면 수분이 밖으로 빠져나와 중량당 단백질이 올라가요. 같은 무게의 두부라도 수분이 빠져나간 두부는 단백질을 더 많이 포함하고 있는 거예요. 하지만 부드러운 식감은 좀 떨어질 수 있어요. 만약 냉장 보관을 한다면, 두부 전체를 물에 잠기게 하고 물을 자주 갈아주세요. 그럼 조금 더 깔끔하게 보관할 수 있어요.

🍲 재료 (30mL 큐브 12개)

○ 두부 1모(300g)

① 두부는 적당히 잘라서 냄비에 5분 정도 끓여요.

② 익은 두부는 한 김 식으면 포크나 매셔로 으깨요.

③ 큐브에 담아 보관해요.

TIP 두부 보관

두부를 냉동 보관하려면 꼭 으깨거나 잘라서 보관하세요. 냉동한 두부는 부드럽지 않아 잘 안 잘리거든요. 저도 처음에 으깨지 않고 통째로 보관했더니 먹일 때마다 잘라줘야 해서 불편했어요.

냉장 보관을 한다면 두부를 살짝 데친 후, 밀폐 용기에 두부가 잠길 정도의 정수된 물과 소금을 소량 넣으면, 미생물의 번식을 막아 오래 보관할 수 있어요. 하루에 한 번씩 물을 갈아주면 일주일은 거뜬해요.

TIP 후기의 두부 큐브

후기부터는 두부를 포크나 매셔로 으깨지 말고 칼로 큐브 형태로 잘라서 주세요. 0.5cm 정도로 잘라주다가 아기가 잘 먹으면 조금 더 크게 해보세요. 큐브 형태를 잘 유지하는 두부, 애호박, 당근, 무 같은 재료는 소근육 발달을 위한 핑거푸드로도 좋답니다.

감자

탄수화물과 비타민 C가 풍부한 구황작물인 감자는 햇볕이 없는 서늘하고 건조한 곳에 보관하는 게 좋아요. 햇볕을 쬐어 싹이 나면 솔라닌이라는 독성이 생겨서 먹을 수 없거든요. 감자는 통으로 껍질째 보관하는데, 사과와 같이 보관하면 사과의 에틸렌이라는 성분이 싹이 나는 것을 억제해줄 수 있어요. 사과는 1개면 충분해요. 반면에 양파와 함께 보관하면 둘 다 쉽게 상하니 감자와 양파는 따로 보관하세요.

감자 큐브는 활용도가 좋아요. 특히 토핑 이유식에서 더 좋은 것 같아요. 탄수화물이 주성분이라 이유식을 만들 때 쌀죽 큐브가 모자라다면 감자 큐브를 넣어도 되고 간식으로도 활용할 수 있어요.

60g의 쌀죽 큐브에 토핑을 3~4가지 넣으면 이유식이 120g 정도 되는데 아기가 먹고 부족해하는 것 같다면 이때 감자 큐브를 1개 추가해보세요. 감자뿐만 아니라 오트밀, 현미 큐브 등을 활용해 양을 넉넉하게 맞춰줄 수 있어요.

🍲 재료 (20mL 큐브 12개)

○ 감자 3개(300g)

① 감자 껍질을 감자칼로 벗겨요.

② 찜기에 20분 정도 쪄요. 전자레인지, 찜기, 에어프라이어, 밥솥, 물에 넣고 끓이기 모두 좋아요. 저는 처음에 밥 지을 때 같이 넣고 쪘어요.

③ 익은 감자는 한 김 식으면 포크나 매셔로 으깨요. 포크는 큰 어른 포크가 좋아요. 부드럽게 잘 익었다면 조금 덩어리가 져도 괜찮아요.

④ 큐브에 담아 보관해요.

TIP 조리 시간 (고구마와 같아요)

• 전자레인지 6~8분
• 찜기 15~20분
• 에어프라이어 30~40분
• 밥솥 40분

감자의 양에 따라 익히는 시간이 달라지니 젓가락으로 콕 찔렀을 때 걸리지 않고 푹 들어갈 때까지 익혀주세요. 그래야 아기가 잇몸이나 혀로 으깨 먹을 수 있어요.

TIP 감자 입자 키우기

감자의 입자 크기를 더 키우고 싶다면 생감자를 다지기로 먼저 다지고, 물에 담가 전분을 뺀 후, 내열 용기에 넣고 찜기에 찌거나 물에 끓이면 돼요. 전분을 빼지 않으면 죽처럼 뭉쳐요. 후기 이후에는 찐 감자를 칼로 잘라서 주세요.

오이

하율이는 오이를 참 좋아해요. 아삭한 식감이 좋은가 봐요. 10개월부터 얇게 썬 생오이를 손으로 잡고 씹어 먹기도 했어요. 반면 지율이는 오이를 처음 먹었을 때, 설사하고 알레르기 반응을 보였어요. 하지만 한 달 후에 다시 먹였을 때는 이상이 없었답니다.

　오이는 95%가 수분이라고 해요. 그래서 산에 오를 때 수분 공급을 위해 오이를 많이 가지고 다니기도 해요. 오이에는 비타민 C, 비타민 K, 마그네슘, 칼륨 등이 풍부할 뿐만 아니라 펙틴이라는 식이섬유도 있어 변비에 좋아요.

　저는 오이를 3일 치만 냉장 보관하고 큐브는 따로 만들지 않았는데요, 그 이유는 하율이와 남편이 생오이를 너무 좋아해서 언제든지 남은 재료를 처리할 수 있기 때문이에요. 그래서 신선한 것으로 구입해서 바로 먹일 수 있었답니다.

🍲 **재료** (20mL 큐브 5개)

○ 오이 1개

① 오이는 껍질이 질기니 감자칼로 벗겨요.

② 채칼로 다진 뒤 다시 칼로 썰어요. 다지기로 다져도 돼요.

③ 내열 용기에 담아 찜기에 10분 정도 쪄요. 전자레인지를 이용한다면 랩을 씌우고 구멍을 뚫어 5분 정도 돌려요.

④ 큐브에 담아 보관해요.

TIP

채칼을 이용하면 일정한 크기로 썰기 쉬워요.

TIP

중기 이후 오이는 이유식에 토핑으로 올려주기보다는 얇게 저며서 핑거푸드나 간식으로 줬어요.

사과

지율이의 첫 과일로 사과를 선택했어요. 지율이는 달콤새큼한 사과를 정말 좋아했어요. 이유식을 안 먹을까 봐 걱정될 정도로요.

사과씨에는 아미그달린이라는 성분이 있는데, 이것이 몸속에서 대사되면 독성을 지닌 시안화 수소로 전환돼요. 그러니 이유식에 사용할 때는 씨와 멀리 떨어진 과육만 사용해주세요.

과일은 따로 큐브로 만들지 않았어요. 그때그때 만들어서 줄 수 있기 때문이에요. 사과는 첫 과일이라 처음에는 익혀줬는데, 중기가 지나고 본격적인 간식을 과일로 먹일 때는 대부분 갈거나 익히지 않고 생과일을 과육째로 줬답니다.

🍲 재료

○ 사과 1개

① 사과는 껍질을 벗기고 적당한 크기로 잘라요.

② 찜기에 10분 정도 쪄요.

③ 포크로 으깨요. 작은 입자로 으깨지지 않으면 핸드블렌더로 갈아요. 이대로 먹이면 사과 퓌레가 돼요. 배도 같은 방식으로 만들 수 있어요.

④ 용기에 담아 보관해요.

TIP 사과 큐브 보관

사과 큐브는 한 번 끓여서 만들었기 때문에 쉽게 갈변되지 않을 거예요. 냉장, 냉동 보관 모두 괜찮지만 저는 냉장 보관해서 토핑이나 간식으로 빠르게 소진하고, 그 후에는 끓이지 않은 생과일을 먹었어요.

TIP 익힌 사과 vs. 생사과

익힌 사과는 변비를 일으킬 수 있어요. 아기가 사과를 먹고 변 보기를 힘들어한다면 간식으로 사과 퓌레보다는 생사과를 먹이는 게 좋아요.

양파

양파는 기본적으로 맵지만 익히면 매운맛이 사라지고 단맛이 나서 아기들이 좋아해요.

껍질이 하얀 양파도 있고 노란 양파도 있는데, 노란 양파는 장기 보관을 위해 건조한 양파예요. 하얀 양파는 햇양파로, 수분이 많고 아삭한 식감이에요. 이유식에 어떤 것을 사용해도 좋지만, 너무 크거나 맵지 않고, 동그란 것으로 선택해주세요. 단, 오래되지 않고 보관이 잘된 양파를 골라주세요. 물컹하지 않고 단단한 양파를 고르면 좋아요.

🍲 재료 (30mL 큐브 7개)

○ 양파 1개

① 껍질을 벗기고 흐르는 물에 씻어요.

② 적당한 크기로 잘라요.

③ 매운맛을 빼기 위해 찬물에 10분 정도 담가요.

④ 다지기로 다져요.

⑤ 내열 용기에 담아 찜기에 15분 정도 쪄요.

⑥ 한 김 식으면 큐브에 담아 보관해요.

📋 TIP 양파 매운맛 빼기

가끔 어른이 먹기에도 너무 매운 양파가 있어요. 그럴 때는 찬물에 더 오래 담그고 물에 끓여 매운맛을 날려요. 영양 성분이 손실될 수 있지만 그래야 매운맛도 빠진답니다. 이미 만든 토핑에 매운맛이 남아 있다면 토핑으로 주지 마시고 죽에 넣어서 끓이거나 팬에 물을 넣고 볶으면 매운맛을 날릴 수 있어요.

📋 TIP

양파를 찜기에 먼저 찌고 다지기로 다져도 돼요. 사실 이 방법이 조금 더 쉽지만, 죽처럼 돼서 입자감을 살리기 어려워요. 중기 초반에는 이렇게 하시고 이후부터는 위 방법을 쓰셔도 돼요.

무

무는 소고기랑 참 잘 어울려요. 나중에 유아식으로 소고기뭇국을 줘도 아이가 잘 먹는답니다. 무를 스틱이나 큐브로 쪄서 줘도 정말 잘 먹어요. 이유식 하는 분들 이야기를 들어봐도 대부분 무를 잘 먹더라고요.

무는 소화가 잘되게 도와줘요. 그래서 단백질이 많아 소화가 비교적 어려운 고기류와 같이 먹으면 좋아요. 그뿐만 아니라 비타민 C도 풍부해요.

무는 단단하고 하얀 것이 좋아요. 초록색 부분이 전체의 1/3 정도 차지하는 무가 영양분이 듬뿍 담겨 있고, 잘 자란 무예요. 무는 겨울 제철무가 달고 시원한 맛이 나요.

🍲 재료 (30mL 큐브 9개)

○ 무(가운데 부분) 370g

① 껍질을 감자칼로 벗겨요. 무는 가운데 하얀 부분만 사용해요.

② 잘 익으라고 나박썰기를 해요.

③ 찜기에 10분 정도 쪄요. 냄비에 끓여도 돼요.

④ 한 김 식은 후 다지기로 끊어가며 다져요.

⑤ 큐브에 담아 보관해요.

TIP

이제부터 대부분의 재료는 다지기로 다질 거예요. 푹 익히면 다지기로 입자 크기를 조금 키워도 잇몸이나 혀로 잘 으깨져 아기가 먹을 수 있어요.

TIP

무는 익으면 약간 투명한 색이 돼요. 완전히 익지 않으면 쌉싸름한 맛이 나기 때문에, 완전히 익었는지 꼭 먹어보세요.

TIP

수분이 많은 무는 곱게 갈려요. 입자 크기가 너무 작다면 다지기로는 적당히 갈고, 나머지는 칼로 다져 마무리해도 좋아요. 아니면 양파처럼 먼저 다지기로 다진 후에 찜기에 쪄도 입자를 살릴 수 있어요.

새송이버섯

저는 버섯을 정말 좋아해서 지율이에게 종류별로 맛 보여주고 싶었어요. 특히 먹기 쉽고 구하기도 편한 새송이버섯은 익히기만 해도 고소하고 맛있어서, 이유식을 만들다 보면 어느새 제가 다 집어 먹어버리곤 했어요. 새송이버섯은 다른 버섯류에 비해 비교적 수분이 적어 보관도 용이하고 씹는 질감이 좋아요. 게다가 표고버섯처럼 향이 강하지도 않아 아기에게 처음 맛 보여주기에는 딱 좋은 버섯인 것 같아요.

버섯은 씻으면 좋은 성분이 물에 녹아 없어지고 수분을 머금으면 식감도 좋지 않아서, 물로 헹구지 말고 먼지만 톡톡 털라고 해요. 하지만 저는 아기가 먹을 거라 흐르는 물에 아주 빠르게 씻었어요.

새송이버섯은 갓과 기둥이 확실하게 분리되고, 아래로 내려갈수록 두꺼워지는 형태가 좋아요. 탄력 있고 탄탄한 새송이버섯이 좋은 이유식 재료예요. 노랗게 변색된 것은 사용하지 않도록 해요.

🍲 재료 (30mL 큐브 7개)
○ 새송이버섯 3개(300g)

① 흐르는 물에 아주 빠르게 씻어요.

② 빠르게 찔 수 있도록 적당한 크기로 썰어요.

③ 찜기에 10분 정도 쪄요. 흐물흐물 해지거나 버섯에 수분이 스며들면 다 익은 거예요.

④ 한 김 식은 후 다지기로 다져요.

⑤ 큐브에 담아 보관해요.

TIP 후기, 완료기의 버섯

고기나 버섯처럼 질긴 재료는 입자 크기를 빨리 키우지 않았어요. 잇몸으로 씹어도 질겨서 부서지지 않기 때문이에요. 그래서 버섯은 후기, 완료기에도 다지기로 잘 다져서 줬어요. 대신 다른 채소의 입자 크기를 크게 해서 줬어요.

TIP 버섯 육수 활용법

후기와 완료기에는 버섯을 종류별로 한 번에 찜기에 쪄서, 찌고 나온 물을 육수로 활용하기도 했어요. 밥솥으로 죽을 만들 때 버섯 육수를 넣고, 버섯 토핑을 몇 개 넣어 영양만점 버섯죽으로 활용할 수 있어요.

고구마

고구마를 중기 1단계 마지막에 넣은 이유는 감자와 같이 탄수화물이 주성분인 데다가 단맛까지 강하기 때문이에요. 하지만 고구마는 맛도 좋고 아기가 먹기에도 부담이 없어 간식으로 주기 좋아요. 달콤한 고구마는 이유식을 싫어하는 아기들도 입을 쩍쩍 벌리게 하는 마법의 재료랍니다.

　고구마는 큐브로 잔뜩 만들어뒀다가 고구마 티딩러스크, 고구마 분유빵, 고구마 분유 퓌레 등을 만들어 간식으로 줄 수도 있어요. 외출할 때 지율이 간식으로 고구마나 바나나를 용기에 넣어 가지고 다니기도 했어요.

🍲 **재료** (30mL 큐브 12개)

○ 고구마 3개(400g)

① 씻은 고구마를 찜기에 15~20분 정
  도 쪄요. 젓가락으로 찔러서 걸리지
  않고 푹 들어가면 익은 거예요.

② 껍질을 벗겨요.

③ 속살을 포크나 매셔로 으깨요.

④ 큐브에 담아 보관해요.

📌 **TIP** 조리 시간 (감자랑 같아요)

• 전자레인지 6~8분
• 찜기 15~20분
• 에어프라이어 30~40분
• 밥솥 40분

감자처럼 고구마도 양에 따라 익히는 시간이 달라져요.

📌 **TIP**

큐브로 만들어 보관해도 되지만, 집에서 고구마를 자주 먹
는다면 부드럽게 쪄서 숟가락으로 떠줘도 잘 먹어요. 실리
콘 찜기를 이용해서 고구마를 조각조각 잘라 전자레인지
에 찔 수도 있어요.

중기 이유식 2단계 스케줄

중기 이유식 2단계 식단표 역시 세 끼 기준으로 만들었어요. 하지만 아직까지 아기가 두 끼만 먹는다면 중기 1단계 식단표와 같이 아침, 점심만 먹이면 된답니다. 혹은 아침, 저녁의 식단표를 선택해서 먹여도 괜찮아요. 이 시기에는 양도 꾸준히 늘리고, 분리수유도 시도해보세요.

♥ 지율이의 250일 차 세 끼 이유식 스케줄

시간	이유식 횟수(용량)	수유 횟수(용량)
오전 7시	-	수유 1(200~240mL)
오전 9시	이유식 1(160g)	-
낮 12시 반	이유식 2(160g)	-
오후 2시 반	-	수유 2(200mL)
오후 4시 반	이유식 3(160g)	-
저녁 7시	-	수유 3(200~240mL)
총량	이유식 480g, 수유 600~680mL	

중기 이유식 2단계 한 끼 식사 예시

한 끼 식사 예시를 보여드릴게요. 입자 크기는 참고만 하시고 아기에 맞게 진행하시면 돼요.

토핑 1 **당근**

토핑 2 **달걀(노른자)**

토핑 3 **시금치**

베이스 **보리쌀죽**

간식 **딸기, 블루베리**

중기 이유식 2단계 식단표

구분		1일차	2일차	3일차	4일차
아침	베이스		보리쌀죽(5배죽)		
	토핑		소고기, 단호박, 청경채		
점심	베이스		잡곡죽		
	토핑		닭고기, 브로콜리, 당근		
저녁 (세 끼 먹는 아기만)	베이스		잡곡죽		
	토핑		소고기, 두부, 애호박		

구분		11일차	12일차	13일차	14일차
아침	베이스		잡곡죽		잡곡죽
	토핑	소고기, 단호박, 양송이버섯		소고기, 배추, 파프리카	
점심	베이스		잡곡죽		잡곡죽
	토핑	닭고기, 청경채, 당근		닭고기, 양송이버섯, 양파	
저녁 (세 끼 먹는 아기만)	베이스		잡곡죽		잡곡죽
	토핑	두부, 무, 애호박		달걀(노른자), 시금치, 당근	

구분		21일차	22일차	23일차	24일차
아침	베이스		잡곡죽		
	토핑		소고기, 두부, 애호박, 팽이버섯		
점심	베이스		잡곡죽		
	토핑		닭고기, 청경채, 당근, 밤		
저녁 (세 끼 먹는 아기만)	베이스		잡곡죽		
	토핑		달걀(노른자), 시금치, 당근		

이 책에서 제시하는 식단표는 무엇부터 먹일지 감이 안 잡히는 분들을 위한 참고용이니 무조건 똑같이 먹일 필요는 없어요. 새로 추가되는 재료는 동그라미로 표시했으니 참고하세요.

5일 차	6일 차	7일 차	8일 차	9일 차	10일 자
잡곡죽		잡곡죽			———
소고기, (배추) 애호박		(흰살생선(대구)), 양파, 당근			———
보리쌀죽		잡곡죽			———
닭고기, 시금치, 당근		소고기, 배추, 애호박			———
잡곡죽		잡곡죽			———
달걀(노른자), 무, 브로콜리		닭고기, 두부, 시금치			———

15일 차	16일 차	17일 차	18일 차	19일 차	20일 차
———	잡곡죽			잡곡죽	
———	소고기, 무, (아보카도)			닭고기, 양파, (밤)	
———	잡곡죽			잡곡죽	
———	닭고기, 파프리카, 청경채			소고기, 단호박, 브로콜리	
———	잡곡죽			잡곡죽	
———	흰살생선(대구), 배추, 양송이버섯			두부, 당근, 청경채	

25일 차	26일 차	27일 차	28일 차	29일 차	30일 차
잡곡죽			잡곡죽		
소고기, 배추, 단호박, (콩나물)			소고기, 청경채, (가지) 당근		
잡곡죽			잡곡죽		
닭고기, 애호박, 당근, 팽이버섯			닭고기, 브로콜리, 당근, 콩나물		
잡곡죽			잡곡죽		
흰살생선(대구), 시금치, 양파			달걀(노른자), 애호박, 시금치, 당근		

쌀죽(중기 2단계)

중기 1단계 초반부의 쌀죽이 7~8배죽(불린 쌀 기준)이었다면, 2단계는 5배죽 정도로 시작해요. 쌀밥으로 만든다면 2.5배죽 정도로 질감을 올려주면 돼요. 만약 아기가 아직 적응을 못했거나 엄마가 서서히 배죽을 올려주지 않았다면, 5배죽으로 하지 말고 아기가 먹던 것에서 살짝 걸쭉한 농도로 시작하세요. 7배죽으로 먹이고 있다가 갑자기 5배죽으로 만들어주면 아기가 거부할 거예요.

   이제 아기가 먹는 양이 많아져서 밥을 자주 해야 해요. 중기 2단계까지는 밥을 살짝 갈아줬는데, 먹는 양이 많아지고 하루에 세 끼를 먹다 보니 밥을 자꾸 해야 해서 번거롭더라고요. 아기가 덩어리를 잘 먹는다면 중기 2단계부터 쌀을 갈지 않고 밥솥에 바로 죽을 만들어도 돼요. 저는 후기부터 밥솥에 쌀을 넣고 죽을 만들었답니다.

🍲 재료 (100g 6개)

- 쌀밥 200g
- 물 500mL

① 갓 지은 쌀밥 200g에 물을 적당히 넣어요.

② 핸드블렌더로 끊어가며 살짝만 갈아요. 쌀알의 1/2 정도 크기로 갈면 돼요.

③ 냄비에 간 밥과 나머지 물을 넣고 끓여요.

④ 확 끓어오르면 약불로 줄이고 5분 정도 더 끓여요. 불을 끈 후에도 한동안 저어요.

⑤ 밥이 퍼지고 한 김 식으면 용기에 담아 보관해요.

TIP 쌀죽의 농도

쌀은 묵은쌀인지 햅쌀인지에 따라 물을 먹는 정도가 다르기 때문에 물양이 정확하게 똑 떨어질 수 없어요. 냄비에 끓이면서 너무 되면 물을 더 넣어주고, 너무 묽으면 더 끓여주면서 아기에게 맞는 농도를 맞춰주세요.

TIP 밥솥으로 죽 만들기

저는 쌀가루를 사용하지 않아 후기부터 밥솥을 사용했어요. 그런데 아기가 많이 먹어 매번 냄비에 죽을 만들기가 번거롭다면, 이쯤에서 중기용 쌀가루를 사서 솥으로 만들어도 괜찮아요. 불린 쌀 기준 5배의 물을 넣고 죽 모드로 작동하면 돼요.

TIP 쌀죽 보관

이쯤 되면 죽을 큐브로 얼리기가 번거로워질 거예요. 그래서 전자레인지용 밀폐 용기를 활용했어요. 밀폐 용기에 죽을 따로 담아서 3일 치는 냉장, 나머지는 냉동으로 보관했어요. 먹이기 전날 토핑을 꺼내 죽 위에 올리고 뚜껑을 닫아 냉장실에서 천천히 해동하고 전자레인지에 돌려서 먹였어요. 그럼 용기 하나로 해결돼요.

보리(5배죽)

보리는 쉽게 구할 수 있고 우리가 가장 많이 먹는 잡곡 중 하나라 친근해요. 보리는 식이섬유가 풍부해 대장 연동 운동을 촉진시켜 아기가 방귀를 자주 뀔 수 있어요. 그 외에도 보리에는 칼슘, 인, 아연, 비타민 B_2 등이 많이 함유돼 있어 아기가 성장하는 데 도움이 돼요.

보리와 현미를 먹여봤다면 둘을 섞어서 잡곡죽을 해줘도 된답니다. 그런데 아기가 하루에 세 끼를 먹기 시작하니 매번 큐브를 만들어 그때그때 넣기가 번거로웠어요. 그래서 처음부터 잡곡밥을 지어서 만들었어요. 저는 보리와 쌀의 비율이 1:2가 되도록 했어요.

🍲 재료

○ 보리밥 200g
○ 물 500g

① 갓 지은 보리밥에 물을 조금 넣고 핸드블렌더로 끊어가며 살짝만 갈아요.

② 냄비에 간 밥과 나머지 물을 넣고 끊여요.

③ 확 끓어오르면 약불로 줄이고 5~7분 끓이며 농도를 맞춰요.

④ 한 김 식으면 용기에 담아 보관해요.

TIP 쌀과 잡곡의 비율

쌀과 잡곡의 비율은 50%를 넘지 않게 해주세요. 단, 엄마·아빠도 그 비율로 아기와 함께 식사를 해야 해요. 이유식이 끝난 뒤에 엄마·아빠와 한솥밥을 먹게 될 때도 잡곡을 주식으로 할 수 있게 도와주세요.

배추

배추는 칼슘과 비타민 C가 많아요. 게다가 식이섬유도 풍부해서 변비를 예방할 수 있어요. 이유식을 먹고 변비에 걸리는 경우가 많은데, 그때 배추를 넣어보세요. 미역도 좋지만 해조류는 아이오딘(요오드)을 과도 하게 섭취할 수 있기 때문에 이유식 식단표에 넣지 않았어요. 해조류는 돌 이후에 조금씩 먹여보세요.

🍲 **재료** (30mL 큐브 6개)

○ 알배기 배추 1통

① 배춧잎을 다 뜯어 준비해요.

② 배추의 단단한 부분을 V자로 잘라 내고 노란 부분만 남겨요.

③ 찜기에 10분 정도 쪄요.

④ 다지기로 다져요.

⑤ 큐브에 담아 보관해요.

🍘 **TIP**

후기부터는 배추 가운데 부분까지 모두 사용해도 괜찮았어요. 하지만 중기에는 가운데 부분이 섬유질 때문에 푹 익혀도 잘 끊어지지 않아 아직 아기에게 부담스러울 것 같았어요. 그래서 노란 잎만 사용했고, 가운데 부분은 엄마·아빠가 쌈장 찍어 먹었답니다.

흰살생선(대구)

흰살생선은 종류가 다양해요. 대구, 광어, 도미, 가자미, 우럭, 조기, 갈치 모두 흰살생선이에요. 그중에서 가장 많이 사용하는 재료는 바로 대구예요.

   하율이 때는 손질된 광어살을 구입해 직접 쪄서 큐브를 만들었고, 지율이 때는 대구 큐브나 냉동 대구살을 구입했어요. 큐브를 사용하면 훨씬 편하지만 생물을 직접 쪄서 갈아준 게 맛이 좋았어요. 예전에 회를 매운탕에 담가 먹었던 기억이 나더라고요. 그래서 횟감을 익혀주기도 했어요. 남은 건 엄마·아빠가 먹어도 되니 정말 편해요. 횟감은 기름기 있는 지느러미를 제외한 흰 부분만 사용해요.

🍲 재료 (15mL 큐브 6개)

○ 대구살 100g
○ 쌀뜨물

① 대구살을 쌀뜨물에 20분 정도 담가 비린내를 제거해요.

② 찜기에 20분 정도 쪄요.

③ 다지기나 칼로 다져요.

④ 큐브에 담아 보관해요.

🎗️ TIP

생선은 수은 때문에 매일 먹이는 것보다 일주일에 두어 번 먹이는 게 좋아요. 저는 한 번 먹일 때 생물 기준 15~20g 정도씩, 일주일에 약 50g 이내로 먹였어요.
수은 함량이 높은 생선은 참치처럼 큰 다랑어, 새치류, 상어류이며 그 외의 일반 생선은 크게 차이가 나지 않아요. 그러니 기름지지 않은 흰살생선을 시작하되 껍질을 벗기고 먹이면 돼요.

양송이버섯

저는 양송이버섯 특유의 맛과 향을 좋아해요. 양송이버섯은 닭과 함께 단호박이나 양파를 넣고 죽을 만들어도 맛있어요. 남편이 먹어보고 맛있다고 할 정도였어요.

양송이버섯은 버섯 중에서 단백질 함량이 높은 편이고 미네랄도 풍부하며, 소화가 잘되고 근육 발달과 성장에 도움이 돼요. 그래서 이유식에도 아주 좋은 재료예요.

양송이버섯은 신선한 상태로 보관할 수 있는 기간이 새송이버섯보다 짧아요. 구입했다면 남기지 말고 모두 큐브로 만들어 얼리는 게 좋아요.

🍲 재료 (30mL 큐브 4개)

∘ 양송이버섯 250g

① 양송이버섯 기둥을 손으로 뚝 따요.

② 껍질을 안쪽에서부터 손으로 잡고 벗겨요.

③ 흐르는 물에 아주 빠르게 씻어요.

④ 양송이버섯을 적당한 크기로 잘라요.

⑤ 찜기에 15분 정도 쪄요.

⑥ 다지기로 다져요.

⑦ 큐브에 담아 냉동 보관해요.

TIP

다다음 재료인 아보카도는 후숙하는 시간이 필요하니 이쯤 구입하세요.

TIP

양송이버섯 기둥은 익혀도 질겨서 이유식에는 사용하지 않았지만, 영양소가 매우 풍부하니 엄마·아빠가 먹어도 좋아요.

TIP 양송이버섯 껍질 벗기기

양송이버섯 껍질은 반드시 벗겨야 하는 것은 아니지만 아기에게는 약간 질길 수 있어서 까줬어요.

껍질 벗기기 ▲

파프리카

파프리카는 특이하게 색깔별로 영양소가 조금씩 달라요. 특히 베타카로틴은 초록색 파프리카보다 빨간색에 100배 이상 들어 있어요. 그러니 한 가지 색만 사용하지 말고 다양한 색을 섞어서 만들어주세요.

　파프리카는 새콤한 맛 때문에 안 좋아하는 아기가 많아요. 저는 큐브를 만들면 바로 지율이에게 조금씩 먹여보는데, 파프리카는 먹자마자 오만상을 찌푸렸어요. 그렇지만 싫어한다고 안 주지 말고 주기적으로 계속 줘서 아기가 파프리카 맛에 익숙하게 만들어주세요.

　파프리카를 고를 때는 꼭지부터 보세요. 꼭지 부분부터 물러지거든요. 과육은 단단하고 광택이 나며 색이 선명한 게 좋아요.

🍲 재료 (30mL 큐브 7개)

○ 파프리카 2개

① 파프리카를 반으로 자르고 씨를 꺼내요.

② 찜기에 15분 정도 쪄요.

③ 찬물에 헹궈 식힌 후 끝을 잡고 껍질을 벗겨요. 파프리카를 손으로 잡으면 껍질이 쭈굴거리면서 벗기기 쉬워요.

④ 다지기로 다져요.

⑤ 큐브에 담아 보관해요.

TIP 파프리카 영양소

• 빨간색: 뼈 성장(칼슘, 인), 눈 건강(베타카로틴)

• 노란색: 혈관 질환 예방(피라진)

• 초록색: 빈혈 예방(철분)

• 주황색: 미백(비타민 C), 눈 건강(비타민 A)

아보카도

아보카도는 과일이지만 많이 달지 않아 이유식에 토핑으로 내주기 좋아요. 아보카도는 다양한 비타민과 미네랄이 함유돼 있어요. 임산부일 때 필수로 섭취해야 했던 엽산도 풍부하답니다. 그리고 간식으로도 활용하기 좋은 재료예요.

아보카도는 후숙 기간이 필요해서 사용하기 5일 전에는 구입하는 게 좋아요. 후숙과 손질이 어렵다면 약간 맛이 떨어져도 냉동 아보카도를 사용하면 편해요. 하지만 남은 아보카도는 바나나, 분유물 등을 이용해서 스무디를 만들어줘도 되고, 엄마가 명란과 함께 덮밥을 먹으면 되니 처음에는 직접 손질해보세요.

아보카도는 공기와 닿으면 갈변하는데, 사과가 갈변하는 것과 같은 원리예요. 상한 것은 아니니 먹어도 된답니다. 다만 색이 짙고 물컹하며 냄새가 좋지 않다면 상한 것이니 사용하지 마세요.

🍲 재료 (30mL 큐브 4개)

○ 아보카도 1개

① 테니스공처럼 말랑해진 아보카도를 한 바퀴 돌려가며 칼집을 내서 반으로 잘라요.

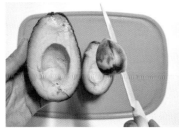

② 칼로 씨를 툭 내리치면 쏙 뽑혀요. 그래도 안 빠지면 칼로 내리친 뒤 살짝 비틀어요.

③ 숟가락으로 긁어서 과육과 껍질을 분리해요.

④ 포크로 으깨요.

⑤ 큐브에 담아 보관해요.

▌ TIP 아보카도 숙성

아보카도를 구입하면 처음에는 익지 않아 초록색일 거예요. 그러니 이유식 시작 5일 전쯤에 구입해서 후숙하세요. 다만 급하게 사용해야 한다면 사과나 익은 바나나를 하나 같이 넣어주세요. 에틸렌 가스를 방출해 과일을 익게 만들어, 2~3일 만에 금방 익어요.

아보카도는 구입한 시점의 상태에 따라 다르지만 구입 후 7일 후부터 14일까지 먹었을 때 가장 맛이 좋았어요.

▌ TIP

남은 아보카도는 명란, 달걀프라이 반숙과 함께 비벼 먹으면 맛있는 아보카도명란비빔밥이 된답니다. 엄마·아빠의 식사로도 좋아요.

아보카도와 분유물, 바나나를 같이 넣고 핸드블렌더로 갈아주면 아보카도바나나스무디라는 좋은 아기 간식이 되기도 해요. 296쪽에 만드는 방법이 나오니 참고하세요.

밤

밤은 단호박, 고구마와 같이 달달해서 아기들이 잘 먹는 재료 중 하나예요. 어릴 적 친정어머니가 우유에 밤을 넣고 푹 끓여서 스프를 해주시곤 했는데 그게 참 맛있었어요. 그래서 아기가 돌이 지나 우유를 먹게 되면 그렇게 간식으로 주면 좋겠다고 생각했어요.

밤은 피로 회복에도 좋고 탄수화물과 단백질, 섬유질, 비타민까지 고루 들어 있어 간식으로도 활용하기 좋아요. 다만 밤의 주성분이 소화가 천천히 되거나 잘되지 않는 전분으로 이뤄져 있어 소고기와 함께 먹으면 소화가 잘 안될 수 있으니, 이 책에서는 소고기와 같이 먹이지 않도록 식단표를 짰어요.

생밤은 깐 밤(생률)을 구입해서 사용하면 좋아요. 과도로 깎다 보면 손목이 너무 아프거든요.

🍲 **재료** (20mL 큐브 9개)

○ 깐 밤(생률) 35개(250g)

① 깐 밤을 물에 깨끗하게 씻어요.

② 찜기에 20분 정도 쪄요.

③ 칼로 다지거나 포크로 으깨요.

④ 큐브에 담아 보관해요.

📋 TIP

밤은 보통 봉지 단위로 팔아요. 이유식 토핑을 만들고 남은 밤은 쪄서 엄마·아빠 간식으로 먹어도 되고, 아기 간식으로 활용해도 좋아요. 생밤을 오독오독 씹어도 맛있어요.

📋 TIP

밤은 익혀도 촉촉하지 않아 이물감 때문에 뱉을 수 있어요. 죽하고 같이 주거나 살짝 촉촉하게 해서 주면 달달해서 잘 먹어요.

팽이버섯

키토산과 식이섬유가 다른 버섯에 비해 풍부한 팽이버섯은 큐브도 간단하게 만들 수 있어요. 그리고 남은 버섯은 불고기, 된장찌개, 해장국 등 다양한 곳에 활용할 수 있어 부담 없이 자주 손이 가는 재료에요.

팽이버섯은 노랗지 않은 아이보리와 크림색을 띠는 것으로 고르세요. 그리고 갓이 너무 큰 것은 제외하는 게 좋아요. 색이 노랗거나 줄기가 얇으면 오래된 팽이버섯이에요.

🍲 재료 (30mL 큐브 7개)

○ 팽이버섯 1봉(250g)

① 팽이버섯을 흐르는 물에 아주 빠르게 씻어요.

② 밑동을 큼직하게 잘라서 붙어 있는 버섯이 없게 해요.

③ 팽이버섯은 다지기를 사용하지 않고 칼로 쫑쫑 썰어요.

④ 내열 용기에 넣고 찜기에 5분 정도 쪄요.

⑤ 큐브에 담아 보관해요.

TIP 팽이버섯 육수

팽이버섯을 찌면 내열 용기에 육수가 우러나는데, 육수를 큐브에 같이 넣어주면 고소하고 맛이 좋아요.

TIP 팽이버섯 세척

버섯은 물에 담그지도 씻지도 말라는 말이 있지만, 아기가 먹는 거니 흐르는 물에 먼지를 씻어내는 정도로만 세척했어요.

콩나물

콩나물은 다듬는 작업이 조금 귀찮아요. 저는 콩나물을 하나하나 손질하다가 울컥 화가 올라올 때도 있었어요. 하지만 칼륨, 비타민 C, 섬유질이 많이 들어 있어 아기 변비 해소에도 좋은 재료라 한 번쯤은 아기에게 먹어볼 만해요. 손질이 번거로우니 한 번만 이렇게 손질해보고, 이후에는 적당히 타협하기로 해요.

🍲 재료 (30mL 큐브 5개)

○ 콩나물 300g

① 콩나물 대가리(노란 콩)와 꽁지 부분을 손질하고 물로 깨끗하게 씻어요.

② 찜기에 10분 정도 쪄요. 쪄도 아삭한 식감이 있어요.

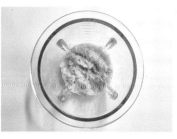

③ 다지기로 적당한 크기로 다져요. 양이 너무 적어 잘 다져지지 않으면, 찜기에서 나온 육수를 조금 넣어요.

④ 큐브에 담아 보관해요.

TIP

저는 항상 찜기에 여러 가지 재료를 동시에 찌는데요, 콩나물을 다음 재료인 가지와 함께 찐 적이 있는데 가지와 콩나물이 서로 달라붙어 후회했어요. 콩나물은 콩나물만 따로 찌는 게 좋아요.

TIP 콩나물 손질

콩나물 뿌리에는 영양소가 많아서 손질하지 않아도 되지만, 아직 중기라 목에 걸릴 위험이 있어 손질해서 줬어요. 후기 이후에는 대가리만 제거했고, 유아식부터는 물로 헹구기만 해서 손질하지 않고 그대로 먹였어요.

가지

가지는 초기에도 사용할 수 있는 재료지만, 초기에는 껍질을 벗겨야 하는 번거로움이 있어서 중기 식단표에 넣었어요. 중기 2단계쯤부터는 껍질까지 먹일 수 있어요.

가지는 콜레스테롤을 낮춰주고, 철분도 풍부하게 들어 있어요. 가지를 싫어하는 성인이 많은데 이유식 때부터 접해주면 커서도 몸에 좋은 가지를 거부감 없이 먹을 수 있어요.

가지는 선명한 보라색이 좋아요. 손으로 잡았을 때 가벼운 것보다는 살짝 묵직한 게 좋은 가지예요.

🍲 **재료** (30mL 큐브 10개)

∘ 가지 2개

① 가지를 물에 10분 정도 담가 떫은 맛을 빼요.

② 줄기에 가시가 있을 수 있으니 조심해서 꼭지를 잘라요.

③ 칼로 어슷썰기 해요.

④ 내열 용기에 넣어 찜기에 10분 정도 쪄요. 너무 오래 찌면 죽처럼 돼요.

⑤ 다지기로 끊어가며 적당한 크기로 다져요. 다지기로 오래 다지면 죽처럼 돼요. 만약 너무 익었다면 칼로 잘라요.

⑥ 큐브에 담아 보관해요.

TIP

가지의 무르기를 조절하기 어렵다면 가지를 먼저 다지기로 다진 후에 내열 용기에 넣어서 찌는 방법도 있어요. 그럴 경우에는 조금 더 오래 찌세요.

TIP *가지 보관*

가지는 냉장 보관하면 3일 정도 두고 사용할 수 있어요. 더 오래 보관할 때는 잘라서 말린 다음 냉동 보관했다가 물에 다시 불리면 그대로 사용할 수 있어요. 하지만 그때그때 구입해서 소진하는 게 가장 좋아요.

후기 이유식
(만 9~11개월)

★ 고기는 생고기 기준 하루 최소 20~30g 정도 먹어요.

★ 토핑을 자유롭게 구성해요.

★ 숟가락 사용을 도와주세요.

★ 주스보다는 생과일을 먹여요.

★ 잡곡은 50% 이상 섞지 않아요.

★ 수유량은 600mL 정도면 적당해요.

★ 꿀과 우유를 제외한 대부분의 음식을 먹일 수 있어요.

후기 이유식 전에 알아두세요

이제 후기 이유식이 됐어요. 이제는 어느 정도 이유식에 감을 잡아 식단표와 관계없이 마음 가는 대로 큐브를 꺼내주시는 분도 많을 거예요. 큐브가 모자라면 다른 재료로 대체하고, 남으면 더 줘도 괜찮아요. 하지만 새로운 재료는 하나씩 추가해주세요.

손질이 편해서 엄마가 손이 많이 가거나 아기가 특히 좋아하는 재료가 있다면 꾸준히 만들어두세요. 저는 당근과 잎채소는 항상 넣기 때문에 주말마다 많은 양을 만들어뒀어요.

토핑 개수가 많아졌지만 이 시기부터 죽은 바로 밥솥에 하면 되니 죽 만들기는 더 편해질 거예요.

아기가 이유식을 거부해요

후기 이유식 단계에 오면 이유식을 잘 먹던 아기도 한 번쯤은 거부를 해요. 죽에서 된밥으로 바뀌는 과도기에 입자 때문에 싫어하는 아기들이 있거든요. 그래도 대부분 버티고 버티다가 결국 밥으로 넘어가게 돼요. 아기가 거부할 때는 토핑은 그대로 사용하되, 밥을 약간 질게 해서 주는 것도 좋은 방법이에요. 이유식 거부에 대해서는 60~65쪽에 자세히 설명돼 있으니 참고해주세요.

또 질감이 점점 되직해져 아기가 씹는 시간이 길어지므로 밥 먹이는 시간도 덩달아 길어져요. 새처럼 받아서 꿀떡꿀떡 빠르게 삼키던 초·중기와는 느낌이 달라 엄마가 답답할 수도 있어요. 하지만 이제는 우리가 밥을 먹는 것처럼 여유를 갖고 이유식을 먹여야 해요.

이 시기의 아기는 자기주장이 생겨서 숟가락을 직접 잡고 먹고 싶어 해서 숟가락을 엄마

한테서 뺏기도 해요. 하지만 숟가락 사용이 미숙하다 보니 온 집안을 밥풀 천지로 만들기도 하고 마음대로 안 되면 울기도 해요. 그래서 저는 아기 앞에 당근같이 손으로 집어먹을 수 있는 토핑을 깔아주고, 죽은 제가 떠먹여주거나 숟가락을 하나 더 사용했어요.

그 외 후기에 알아야 할 것이 있나요

이 시기부터는 새로운 음식을 2일마다 추가해도 괜찮다고 해요. 그러니 새로운 과일이나 음식을 빨리 먹이고 싶으면 2일마다 추가해보세요.

아기가 수유량도 적당하고 이유식도 잘 먹는다면 중간에 간식도 챙겨주세요. 유아식으로 가면 밥을 세 번 먹고 사이에 간식을 두 번 먹는데, 그 스케줄을 조금씩 적응시켜주면 돼요. 반면에 수유량이 너무 많은데 이유식을 잘 안 먹는다면 과감하게 수유량을 줄여보세요.

후기까지도 이가 별로 없는 아기들이 있는데요, 잇몸과 혀로 으깨 먹으니 재료만 푹 익히면서 입자를 키워주세요. 다 먹은 음식이 그대로 변으로 나오는 것은 정상이니 너무 놀라지 마세요. 특히 비트를 먹으면 빨간 대소변이 나올 수도 있고 블루베리를 먹으면 검은 변이 나오기도 해요.

마지막으로 아기에게 주는 음식에 참기름을 넣고 싶다면 넣고 나서 꼭 살짝 익혀주세요.

후기 이유식 1단계 스케줄

수유를 하면서 하루에 세 끼를 먹이다 보면 하루가 다 지나갈 거예요. 이 시기에 저는 총 6번을 먹였지만, 5회 이상은 다들 먹이고 있을 거라 생각해요. 아기들은 돌이 지나 유아식을 시작하면 기본적으로 세 끼의 식사와 두 번의 간식을 먹어요. 지금 이유식을 세 끼 먹고 두세 번의 분유를 먹는 것과 같답니다. 영유아를 보육하는 어린이집에서도 그 기준에 맞춰서 음식을 제공해요. 이유식이 끝나도 아기가 성장할 때까지는 하루에 5회 이상 음식을 먹는다는 이야기죠. 그러니 하루 종일 먹기만 한다고 생각하지 마시고 아기의 성장에 중요한 일과라고 생각해주세요.

♥ 지율이의 300일 차 세 끼 이유식 스케줄

시간	이유식 횟수(용량)	수유 횟수(용량)
오전 7시	-	수유 1(200mL)
오전 9시	이유식 1(200g)	-
오후 1시	이유식 2(200g)	-
오후 3시	-	수유 2(200mL)
오후 5시	이유식 3(200g)	-
저녁 7시	-	수유 3(200mL)
총량	이유식 600g, 수유 600mL	

후기이유식 1단계 한 끼 식사 예시

한 끼 식사 예시를 보여드릴게요. 입자 크기는 참고만 하시고 아기에 맞게 진행하시면 돼요.

토핑 2 **흰살생선(광어)**　　토핑 3 **양송이버섯**

토핑 1 **배추**

토핑 4 **양파**

베이스 **소고기가지들깨죽**

후기이유식 1단계 식단표

구분		1일 차	2일 차	3일 차	4일 차
아침	베이스		차조쌀죽(3배죽)		
	토핑		소고기, 배추, 가지, 브로콜리		
점심	베이스		잡곡죽		
	토핑		닭고기, 팽이버섯, 애호박, 당근		
저녁	베이스		잡곡죽		
	토핑		두부, 청경채, 파프리카, 무		

구분		11일 차	12일 차	13일 차	14일 차
아침	베이스		잡곡죽		잡곡죽
	토핑		소고기, 비트, 아보카도, 팽이버섯		소고기, 연근, 배추, 당근
점심	베이스		잡곡죽		잡곡죽
	토핑		닭고기, 고구마, 당근, 브로콜리		닭고기, 비트, 단호박, 청경채
저녁	베이스		잡곡죽		잡곡죽
	토핑		두부, 파프리카, 비타민, 무		달걀(노른자), 고구마, 시금치, 무

구분		21일 차	22일 차	23일 차	24일 차
아침	베이스			소고기양배추쑥갓죽	
	토핑			비타민, 당근	
점심	베이스			잡곡죽	
	토핑			닭고기, 표고버섯, 청경채, 당근	
저녁	베이스			버섯잡곡죽	
	토핑			흰살생선(광어), 양송이버섯, 양파, 연근	

이 책에서 제시하는 식단표는 무엇부터 먹일지 감이 안 잡히는 분들을 위한 참고용이니 무조건 똑같이 먹일 필요는 없어요. 새로 추가되는 재료는 동그라미로 표시했으니 참고하세요.

5일 차	6일 차	7일 차	8일 차	9일 차	10일 차
잡곡죽		잡곡죽			——
소고기, 비타민, 단호박, 아보카도		흰살생선(광어), 양파, 당근, 가지			——
잡곡죽		잡곡죽			
닭고기, 밤, 양파, 애호박		소고기, 양배추, 단호박, 콩나물			
잡곡죽		잡곡죽			
달걀(노른자), 청경채, 당근, 배추		닭고기, 비타민, 애호박, 파프리카			

15일 차	16일 차	17일 차	18일 차	19일 차	20일 차
——		잡곡죽		잡곡죽	
——		소고기, 새송이버섯, 아욱, 비트		소고기, 표고버섯, 아욱, 양파	
——		잡곡죽		잡곡죽	
——		닭고기, 양배추, 연근, 브로콜리		닭고기, 고구마, 시금치, 브로콜리	
——		잡곡죽		버섯잡곡죽	
——		흰살생선(광어), 양송이버섯, 배추, 양파		두부, 당근, 청경채, 애호박	

25일 차	26일 차	27일 차	28일 차	29일 차	30일 차
잡곡죽			소고기가지들깨죽		
달걀(흰자 포함), 아욱, 당근, 애호박			비타민, 애호박		
소고기양배추쑥갓죽			잡곡죽		
단호박, 새송이버섯			닭고기, 브로콜리, 연근, 양송이버섯		
잡곡죽			잡곡죽		
닭고기, 시금치, 당근, 가지			두부, 당근, 감자, 청경채		

차조(3배죽)

차조는 메조랑 비슷한데, 어렸을 때 병아리에게 먹이로 줬던 노란색 좁쌀이 메조예요. 차조는 메조보다 소화 흡수가 잘되고 찰기가 있는 게 특징이랍니다.

이제부터 죽은 쌀을 갈지 않고 바로 밥솥으로 만들 거예요. 그동안 불 앞에 서 있느라 힘드셨을 텐데요, 밥솥에 죽을 하는 것만으로도 많이 편해진답니다. 밥솥은 따로 구입하지 않고 집에 있는 것을 그대로 써도 돼요. 아기 죽은 밥솥에 계속 담아두는 게 아니라 완성되면 바로 용기에 4~5일 치를 보관하니 집에 있는 밥솥을 활용할 수 있어요.

차조만 넣고 죽을 만들어도 괜찮고, 기존에 넣었던 보리, 현미와 차조를 같이 넣어도 괜찮아요. 다만 쌀 비율은 50% 이상을 유지해주세요.

🍲 재료 (100~120g 12개)

○ 쌀 150g(약 1컵)   ○ 물 1,200mL
○ 차조 50g(약 1/3컵)
(쌀과 차조 불린 후 400g)

① 쌀과 차조를 섞어서 2시간 이상 불려요.

② 불린 잡곡과 물을 밥솥에 넣고 죽 모드를 눌러요. 죽 모드나 이유식 모드가 없다면 50~55분 취사하면 비슷해요. 너무 되면 물을 좀 더 넣고 저어서 10분 정도 더 취사해요.

③ 100~120g씩 12개가 나와요. 이유식 용기에 담아 3일 치(9개)는 냉장 보관, 1일 치(3개)는 냉동 보관해요.

TIP

일주일에 한 번만 만들고 싶다면 3컵(총 450g) 정도 하면 돼요. 그런데 그렇게 하니 보관 용기가 너무 많이 필요하더라고요. 그래서 저는 3일 치(900g)는 큰 통에 담아서 냉장 보관했다가 2~3일 동안은 큰 용기에서 퍼서 쓰고, 나머지는 용기에 담아 냉동해서 쓰기도 했어요.

TIP

쌀의 상태에 따라 불린 후의 양이 달라져요. 보통 불리면 280g 정도가 나왔는데 이번에는 400g이 됐어요. 할 때마다 달라지지만 불린 후 무게의 3배의 물을 넣으면 3배죽이 돼요.

비타민(다채)

비타민은 아기를 키우기 전에는 전혀 몰랐던 재료인데요, 이유식에서 많이 쓰더라고요. '다채'라는 이름으로도 알려져 있는 비타민은 일반 오프라인 마트에는 잘 없고 큰 오프라인 마트나 온라인 마트에서 구할 수 있어요. 이름처럼 비타민이 많이 들어 있고 청경채, 시금치 외의 잎채소로 활용할 수 있어요. 대부분 소량으로 판매하니 한 번에 적어도 2~3봉지를 구매하는 게 편해요. 동네 마트에서 쉽게 팔지 않아서 식단표에 넣지 말까 하다가 요새는 온라인 마트도 많이 이용하니 후기 잎채소로 넣었어요.

초기부터 넣지 않은 이유는 청경채처럼 줄기까지 다 먹이기 위함이랍니다. 줄기가 차지하는 부분이 꽤 많아서 잎만 쓰면 아주 조금 나오거든요.

🍲 재료 (30mL 큐브 10개)

○ 비타민 300g

① 비타민의 끝부분을 잘라내고 깨끗이 씻어요.

② 냄비에 10분 정도 쪄요. 색이 너무 변하지 않도록 적당히 쪄요.

③ 다지기로 다져요.

④ 큐브에 담아 보관해요.

TIP

저는 잎채소는 단독으로 찌지 않고 보통 당근이나 브로콜리 등 다른 재료와 함께 쪄요. 잎채소를 가장 위에 올리면 아래에 있는 채소와 같이 익어요. 때에 따라서는 아래에 있는 채소보다 먼저 걷어내기도 해요.

흰살생선(광어)

중기에 언급했던 생선들 중에서 새로운 생선을 먹여보세요. 앞서 대구를 먹여보았으니 이번에는 광어, 가자미, 도미, 우럭 등을 활용하면 돼요.

  그런데 생물은 손질하기가 부담스러워 시판용 큐브만 이용하시는 분들이 있어요. 큐브도 편하고 좋지만, 횟감을 익혀서 만들어보세요. 대신 신선한 제품을 구입해야겠죠? 바로 잡아서 만든 횟감이면 더 좋고요. 흰살생선 횟감을 구입해서 지방 부분을 제외하고 살 부분만 똑같이 쪄서 만들어주면 맛은 더 좋으면서도 간편해요. 두 번째 흰살생선은 그렇게 시도해보세요.

🍲 재료 (30mL 큐브 4개)

○ 광어살(횟감) 100g
○ 쌀뜨물

① 횟감의 지느러미 등 기름기가 많은 곳을 제외한 광어살 흰 부분을 쌀뜨물에 20분 정도 담가서 비린내를 제거해요.

② 찜기에 5~7분 정도 쪄요. 회가 하얗게 되면 다 익은 거예요.

③ 다지기로 다져요.

④ 큐브에 담아 보관해요.

비트

비트는 손질하기 귀찮은 재료 중 하나예요. 색이 빨갛고 물이 잘 들어 비트를 손질할 때마다 부엌이 난장판이 돼버렸거든요. 하지만 슈퍼 푸드로 알려진 비트는 '땅속의 피'라고 불릴 정도로 좋은 음식이에요. 토마토보다 8배의 항산화 작용을 하고 철분과 비타민도 들어 있어요. 그래서 아기들을 위해 불편함을 감수하고 한 번씩은 먹였답니다. 비트는 맛도 좋아요. 감자와 비슷한데 더 달콤한 맛이 나요. 특히 겨울 비트는 더 달달하답니다. 손질하는 과정은 힘들어도 막상 만들면 저도 집어먹게 되더라고요.

　다만 저는 뒤처리가 힘들어서 한 번에 왕창 만들어두곤 했어요. 아기에게 비트를 먹인 날은 입도 손도 옷도 붉게 범벅이 돼서, 보통 저녁에 먹이고 목욕을 시켰어요. 가제 수건으로 닦으면 가제 수건도 물이 들기 때문에 티슈에 물을 묻혀서 닦아주는 게 좋아요.

🍲 재료 (30mL 큐브 21개)

○ 비트 2개(830g)

① 비트 껍질을 감자칼로 벗겨요. 손에 물이 잘 드니 비닐장갑을 꼭 껴요.

② 도마에 물들지 않도록 색이 진한 도마에 올려서 적당한 크기로 잘라요.

③ 찜기에 30분 정도 쪄요. 젓가락으로 찔러서 익은 정도를 확인해요. 고구마나 감자보다는 살짝 뻑뻑하지만 아기가 잇몸으로 으깰 수 있을 정도면 돼요.

④ 다지기로 다져요.

⑤ 큐브에 담아 보관해요.

> **TIP**

비트를 먹으면 빨간 대소변이 나올 수 있어요. 하율이 때는 초보 엄마·아빠여서 남편이 하율이 변을 보고 놀라서 저를 불렀던 일이 있었어요. 지율이 때는 소변이 빨개서 또 놀랐답니다. 하지만 아무 이상 없으니 걱정 마세요.

> **TIP**

비트 손질이 힘들면 시중에 판매하는 비트 큐브, 비트 가루, 비트 퓌레 등을 활용할 수 있어요. 이유식은 항상 엄마가 편한 방향으로 진행해요.

연근

연근은 우리가 항상 보던 예쁜 연꽃을 받치고 있는 뿌리에요. 식이섬유도 많고, 단면에서 나오는 끈적한 진액 성분인 뮤신은 위를 보호해주고 단백질과 지방의 소화 흡수를 도와준답니다. 그래서 연근을 '진흙 속의 보물'이라고 부르기도 해요.

통연근을 구입해 잘라서 사용해도 되지만 편의를 위해 저는 자른 연근을 구입했어요. 연근은 아무리 익혀도 아삭한 식감이 있어서 아기가 잇몸으로 으깨는 데 무리가 있어요. 그래서 연근은 시기별 입자와 관계없이 완전히 갈아서 줬어요.

🍲 **재료** (30mL 큐브 11개)

- 연근 300g
- 식초 1~2큰술

① 연근을 식초 1~2큰술을 넣은 물에 10분 정도 담가요. 아린 맛을 제거하고 갈변도 막을 수 있어요.

② 연근은 너무 단단해서 찌기보다는 끓이는 게 좋아요. 냄비에 식초를 1~2방울 넣고 20분 정도 팔팔 끓여요.

③ 다지기로 다져요.

④ 큐브에 담아 보관해요.

▌ TIP

연근, 버섯, 고기처럼 잇몸으로 완전히 으깰 수 없는 재료는 작게 갈아도 괜찮아요. 다른 토핑의 입자 크기를 키우면 된답니다.

▌ TIP

구입한 연근이 너무 많으면 5분 정도만 끓이고 일부를 먼저 건져서 간장과 올리고당을 넣고 볶으면 맛있는 연근 조림이 돼요.

아욱

청경채, 비타민, 시금치를 돌려 쓰다가 다른 잎채소가 없을까 생각하다 찾은 게 아욱이에요. 소고기와 참
잘 어울리는 아욱은 칼륨이 들어 있어 혈관 건강에 좋아요. 식이섬유도 풍부해서 변비를 예방해줘요. 또한
단백질과 칼슘이 시금치의 2배나 들어 있어 아기의 골격 형성과 성장에 도움을 준답니다.

아욱도 초기, 중기에 쓰면 잎 안의 줄기까지 제거해야 하지만, 후기에는 두꺼운 줄기만 자르고 나머지는
사용해도 돼요.

🍲 **재료** (20mL 큐브 12개)

아욱 400g

① 아욱의 두꺼운 줄기는 잘라내고 잎
만 남겨요.

② 미역을 씻을 때처럼 물에 빨래하듯
씻어요. 소금을 넣어서 문질러도 되
지만 그러면 소금 간이 밸 수도 있
어요.

③ 찜기에 10분 정도 쪄요.

④ 다지기로 다져요.

⑤ 큐브에 담아 보관해요.

> **TIP**
>
> 아욱은 큰 줄기를 제거해도 잎에 자잘한 줄기가 많이 뻗어
> 있어요. 하지만 그 정도 줄기는 부드러워 아기가 소화하는
> 데 큰 문제는 없어요. 다만 너무 긴 줄기는 목에 걸릴 수 있
> 으니 빼고 주세요.

> **TIP**
>
> 아욱을 치대면서 씻으면 거품이 나는데, 이는 자연스러운
> 현상이니 놀라지 마세요.

표고버섯

표고버섯은 콜레스테롤을 낮춰주고 고기의 잡내를 없애주는 역할을 해요. 버섯답게 식이섬유도 풍부하답니다. 후기 이유식에는 소고기, 미역과 조합해서 쓰시는 분이 많은데, 저는 아이오딘(요오드) 때문에 돌 전에는 미역을 먹이지 않아서 식단표에서 해조류는 모두 뺐어요. 아이오딘 이야기는 43~44쪽을 참고하세요.

첫째 때는 선물 받은 표고버섯 가루가 있어서 그걸 넣었는데, 이 시기에는 입자를 키우는 게 중요해서 가루는 웬만하면 사용하지 않는 게 좋아요. 가루는 향과 맛만 낼 뿐이거든요.

🍲 **재료** (30mL 큐브 6개)

○ 표고버섯 300g

① 표고버섯의 기둥은 너무 질기니 잘라내요.

② 버섯의 갓을 양손에 잡고 서로 부딪쳐서 먼지를 떨어뜨려요.

③ 흐르는 물에 아주 빠르게 씻어요.

④ 다지기 쉽게 4등분으로 잘라요.

⑤ 찜기에 10분 정도 쪄요.

⑥ 다지기로 다져요.

⑦ 큐브에 담아 보관해요.

> **TIP**
>
> 표고버섯도 쫀득해서 아직 어금니가 나지 않은 아기가 씹기에 약간 힘들어요. 아기 잇몸으로 잘 으깨지지 않는 재료이니 아기가 잘 삼킬 수 있도록 잘게 다져주세요.

> **TIP**
>
> 표고버섯 기둥은 나중에 된장찌개에 넣거나 육수를 끓일 때 사용하기 좋으니 냉동 보관해요.

> **TIP**
>
> 후기 이유식 1단계 식단표 19~24일 차에 버섯죽이 있어요. 표고버섯 큐브를 만들 때 같이 준비하면 편해요. 버섯잡곡죽 만드는 법을 184쪽에서 알려드릴게요.

쑥갓

쑥갓은 다른 녹황색 채소에 비해 미네랄이 많이 들어 있어요. 위를 따뜻하게 하고 식욕을 증진시키는 작용을 한다고 알려져 있으며 장의 운동을 활발하게 하는 섬유질도 풍부해요.

　쑥갓은 향이 강해 고기의 비린내를 제거해주고 요리를 더 맛있게 해줘요. 하지만 아기가 향 때문에 싫어할 수도 있어서 향을 약하게 하기 위해 죽으로 먼저 만들었어요. 특식처럼 죽으로 주고 다른 토핑을 2개 정도 꺼내면 훌륭한 한 끼 식사가 된답니다. 먼저 죽으로 먹어보고 아기가 거부감 없이 쑥갓을 잘 먹는다면 토핑으로 줘보세요. 이렇게 하니 지율이는 거부 없이 잘 먹었어요.

🍲 재료 (20mL 큐브 6개)

○ 쑥갓 300g

① 쑥갓은 줄기가 단단하니 너무 단단한 부분은 뚝 부러뜨려요.

② 줄기를 제거한 쑥갓을 물에 깨끗하게 씻어요.

③ 찜기에 7분 정도 쪄요. 색이 변하지 않도록 너무 오래 찌지 않아요.

④ 다지기로 다져요. 잘 갈리지 않으면 찜기에서 나온 육수를 조금 넣어요.

⑤ 큐브에 담아 보관해요.

📋 TIP

큐브를 활용해 소고기양배추쑥갓죽을 만드는 법을 185쪽에서 알려드릴게요.

PLUS 버섯잡곡죽

하율이와 지율이가 유아식을 시작한 후에도 아침 대용으로 종종 만들어줬던 버섯죽이에요. 불린 잡곡에 버섯육수를 넣어 4배죽으로 해주면 여전히 잘 먹어요.

재료 (170~180mL 6개)

- 새송이버섯 큐브 30mL 2개
- 팽이버섯 큐브 30mL 2개
- 표고버섯 큐브 30mL 2개
- 불린 잡곡 200g(불리기 전 잡곡 150g)
- 버섯 육수 800mL(육수 비율은 아기의 배죽에 맞게 조절하세요.)

① 후기 이유식 1단계 식단표 16일 차에 새송이버섯, 팽이버섯, 표고버섯을 한꺼번에 찜기에 쪄서 30mL 큐브를 만들어요.

② 찌고 나온 육수를 아기가 먹는 배죽으로 넣고, 새송이버섯, 팽이버섯, 표고버섯 큐브와 미리 불려둔 잡곡을 넣고 죽 모드나 이유식 모드를 눌러요.

③ 버섯잡곡죽이 완성돼요. 살짝 묽어 보이지만 밥이 퍼져서 냉동이나 냉장 후 해동하면 되죠.

④ 용기에 담아 보관해요.

TIP

버섯잡곡죽을 먹을 때는 반찬을 조금 적게 줘도 괜찮아요. 버섯을 3개씩 넣어도 좋고 소고기를 같이 넣어도 어울려요.

소고기양배추쑥갓죽

하율이와 지율이는 모두 쑥갓을 잘 먹었지만 향 때문에 아기가 싫어할 수 있어요. 아기가 싫어한다면 남은 큐브를 소고기양배추쑥갓죽으로 만들어서 줘보세요.

재료 (160~170mL 3개)

- 익힌 소고기 큐브 50mL 1개
- 쑥갓 큐브 30mL 2개
- 물 400mL
- 양배추 큐브 30mL 2개
- 쌀밥 150g

① 해동한 큐브들과 재료를 냄비에 끓여요.

② 확 끓어오르면 약불로 바꾸고 밥알이 조금 퍼질 때까지 15분 정도 더 끓여요.

③ 저어가면서 물이 부족하면 더 넣고 끓이다 평소에 먹는 농도보다 조금 더 묽은 상태에서 불을 꺼요. 식으면서 밥이 퍼져 점점 되져요.

④ 한 김 식으면 용기에 나눠 담아요. 3일 치는 냉장 보관하고 나머지는 냉동 보관해요.

TIP

쑥갓 큐브를 2개 넣어봤더니 쑥갓의 향이 꽤 올라오더라고요. 쑥갓을 싫어하거나 예민한 아기는 쑥갓 큐브 30mL 1개 정도만 넣어주세요.

TIP

익힌 소고기 큐브 50mL(30g)는 생고기로 치면 약 45g 정도예요. 소고기양배추쑥갓죽이 세 끼분이 나오니 하루에 소고기 15g 정도 먹이는 꼴이니 다른 끼니에 고기 반찬을 꺼내주세요. 쑥갓죽에 소고기 큐브를 2개 넣으면 고기 반찬은 없어도 돼요.

달걀(흰자 포함)

달걀 노른자 편에서 언급했지만, 요즘은 흰자와 노른자 구분 없이 만 6개월에 시작할 수 있다고 해요. 그런데 흰자는 아기들이 알르레기 반응을 많이 보이는 재료라, 노른자를 먼저 먹이고 한두 달 후에 흰자를 추가하는 기존 방법을 사용하시는 분도 많아요. 저도 노른자와 흰자를 구분해서 진행했답니다.

6개월에 흰자까지 같이 진행하신 분들은 새로운 재료를 하나 시도해봐도 좋고, 남은 큐브 처리하는 날로 정해서 쉬어가도 좋아요. 노른자를 먹여봤으니 흰자와 분리하지 않고 바로 얇게 지단으로 만들어주면 돼요.

🍲 **재료** (세 끼분)

○ 달걀 2개
○ 식용유 소량

① 달걀을 체에 걸러 알끈을 제거해요. 잘 안 내려가는 것은 숟가락으로 체를 긁으면서 내려요.

② 잘 코팅된 팬에 키친타월로 아주 소량의 식용유를 발라서 중약불에 익혀요. 끝이 살짝 일어나면 뒤집은 후에 10~20초 정도 더 익히면 딱 좋아요. 너무 오래 익히면 부드럽지 않고 단단한 질감이 나요.

③ 칼로 잘게 다져요.

④ 용기에 담아 냉장 보관해요.

📋 **TIP** 알끈 쉽게 제거하기

체에 거르기가 번거롭다면 가위로 잘라도 어느 정도 제거할 수 있어요.

📋 **TIP**

달걀은 만들기가 쉬워서 큐브 보관하지 않고 3일(세 끼) 먹을 만큼만 냉장 보관하도록 만들었어요.

📋 **TIP**

아기에게 숟가락으로 줬을 때 뱉거나 거부한다면 하나씩 손으로 집어서 입에 쏙쏙 넣어보세요. 이렇게 해서 잘 먹으면 스크램블로 해서 주세요. 스크램블은 팬에 달걀을 넣고 스파출라나 나무젓가락으로 휘휘 저으면 뚝딱이에요. 대신 완전히 익혀주세요.

들깨

들깨는 토핑으로 만들어 떠 먹이기가 애매한 재료라 죽을 만들었어요. 아무런 간을 하지 않아도 고소하고 맛이 좋아 아기 입맛에도 잘 맞아요. 제 입맛에도 잘 맞아서 죽을 만들고 애매하게 남은 건 제가 다 먹었답니다.

들깨는 오메가 3가 들어 있어 아기의 뇌 성장에 도움이 된다고 해요. 들깨는 초기보다는 중기 이후에 주는 게 좋은 재료라 후기 식단표에 넣었어요.

소고기 가지들깨죽

🍲 **재료** (160~170mL 4개)

- 익힌 소고기 큐브 30mL 3개
- 가지 큐브 30mL 3개
- 들깻가루 3큰술
- 밥 150g
- 소고기 육수 500mL(없으면 물)

① 냄비에 소고기, 가지 큐브와 밥 그
리고 육수를 한 번에 넣고 끓여요.

② 확 끓어오르면 들깻가루를 넣어 젓
고, 적당한 농도가 될 때까지 약불
로 5분 정도 끓여요.

③ 용기에 담아 보관해요.

TIP

들깻가루는 수분을 흡수해서 죽이 많이 되질 수 있어요.
들깻가루를 넣기 전에는 죽 농도를 평소보다 약간 질게 잡
아주세요.

TIP

소고기가지들깨죽은 이미 고기와 여타 재료가 들어 있어
서 죽 160g에 토핑(반찬)은 2개 정도만 꺼냈어요.

후기 이유식 2단계 스케줄

후기 2단계의 스케줄은 1단계와 큰 차이가 없어요. 똑같이 첫 수유와 마지막 수유 사이에 이유식을 세 번 먹이면 된답니다. 이제 이유식이 부드럽고 소화가 잘되는 죽에서 우리가 먹는 식사처럼 입자가 커지고, 엄마·아빠처럼 세 끼 식사로 자리 잡을 수 있게 돼요. 유아식으로 넘어가면서 아침 첫 수유와 마지막 수유를 천천히 끊게 될 텐데요, 그럼 아침 식사 시간이 기존 첫 수유 시간 즈음으로 당겨지면서 일정이 조정돼요. 성인의 세 끼 스케줄과 같아집니다.

♥ 지율이의 세 끼 이유식 스케줄

시간	이유식 횟수(용량)	수유 횟수(용량)
오전 7시	–	수유 1(200mL)
오전 9시	이유식 1(200g)	–
오후 1시	이유식 2(200g)	–
오후 3시	–	수유 2(200mL)
오후 5시	이유식 3(200g)	–
저녁 7시	–	수유 3(200mL)
총량	이유식 600g, 수유 600mL	

후기이유식 2단계 한 끼 식사 예시

한 끼 식사 예시를 보여드릴게요. 입자 크기는 참고만 하시고 아기에 맞게 진행하시면 돼요.

토핑 2 **청경채**

토핑 3 **두부**

토핑 1 **당근**

토핑 4 **파프리카**

베이스 **흑미쌀죽**

후기이유식 2단계 식단표

구분		1일차	2일차	3일차	4일차
아침	베이스		흑미쌀죽(2.5배죽)		—
	토핑		닭고기, 새송이버섯, 감자, 쑥갓		
점심	베이스		소고기가지들깨죽		—
	토핑		비타민, 당근		
저녁	베이스		잡곡죽		—
	토핑		달걀, 청경채, 파프리카		

구분		11일차	12일차	13일차	14일차
아침	베이스		잡곡죽		잡곡죽
	토핑	닭고기, 대추, 양송이버섯, 애호박		소고기, 옥수수, 새송이버섯, 근대	
점심	베이스		잡곡죽		잡곡죽
	토핑	소고기, 단호박, 근대, 배추		닭고기, 대추, 양송이버섯, 애호박	
저녁	베이스		잡곡죽		잡곡죽
	토핑	달걀, 양배추, 당근, 아욱		두부, 파프리카, 청경채, 당근	

구분		21일차	22일차	23일차	24일차
아침	베이스	—		잡곡죽	
	토핑	—		소고기, 아스파라거스, 느타리버섯, 숙주	
점심	베이스	—		잡곡죽	
	토핑	—		닭고기, 단호박, 양배추, 당근	
저녁	베이스	—		잡곡죽	
	토핑	—		두부, 청경채, 무, 배추	

이 책에서 제시하는 식단표는 무엇부터 먹일지 감이 안 잡히는 분들을 위한 참고용이니 무조건 똑같이 먹일 필요는 없어요. 새로 추가되는 재료는 동그라미로 표시했으니 참고하세요.

5일차	6일차	7일치	8일차	9일차	10일차
잡곡죽			잡곡죽		
소고기, (근대) 당근, 파프리카			(새우) 양파, 새송이버섯, 아욱		
잡곡죽			잡곡죽		
닭고기, 고구마, 양배추, 단호박			소고기, 애호박, 청경채, 당근		
잡곡죽			잡곡죽		
두부, 브로콜리, 가지, 연근			닭고기, 파프리카, 연근, 배추		

15일차	16일차	17일차	18일차	19일차	20일차
	잡곡죽			잡곡죽	
	닭고기, 고구마, (느타리버섯) 청경채			소고기, 표고버섯, (숙주) 당근	
	잡곡죽			잡곡죽	
	소고기, 브로콜리, 옥수수, 무			닭고기, 파프리카, 브로콜리, 배추	
	잡곡죽			잡곡죽	
	새우, 양파, 비트, 양배추			달걀, 애호박, 시금치, 옥수수	

25일차	26일차	27일차	28일차	29일차	30일차
잡곡죽			잡곡죽		
(돼지고기) 애호박, 당근, 양파			새우, (완두콩) 표고버섯, 단호박		
잡곡죽			잡곡죽		
소고기, 시금치, 비트, 양배추			돼지고기, 애호박, 당근, 양파		
잡곡죽			잡곡죽		
달걀, 파프리카, 양송이버섯, 가지			소고기, 브로콜리, 가지, 숙주		

흑미 (2.5배죽)

잡곡은 꼭 식단표대로 하지 않아도 되고 집에서 평소에 자주 먹는 잡곡 위주로 하면 돼요. 어차피 유아식으로 넘어갈 때 그 잡곡으로 밥을 지어야 되니까요. 저는 보통 보리, 찹쌀, 흑미, 현미, 귀리 등을 섞어서 밥을 짓기 때문에 식단표에 흑미를 넣었어요. 유아식부터는 귀리도 넣었어요.

　잡곡은 백미보다 더 단단하기 때문에 물에 오래 불려주는 게 좋아요. 시간이 없다면 최소 2시간 이상, 여유가 있다면 전날 미리 불려두는 게 좋아요.

　잡곡의 비율은 취향에 따라 50% 이하 내에서 조절하면 돼요. 저는 보통 쌀과 잡곡의 비율을 3:1 (25%) 혹은 2:1 (33%)로 조정했어요. 양을 많이 만들 때는 쌀 300g(2컵), 잡곡 150g(1컵)으로 만들어요. 그럼 잡곡의 비율이 33% 정도가 돼요.

🍲 **재료** (총 900g, 100g씩 9끼, 3일분)

○ 쌀 150g(약 1컵)　　　　○ 흑미 50g(약 1/3컵)

(쌀과 흑미 불린 후 270g)　○ 물 680mL(2.5배)

① 쌀과 흑미를 섞고 씻은 후 2시간 이상 물에 불려요.

② 불린 잡곡을 밥솥에 넣고 죽 모드를 눌러요. 너무 되다면 물을 좀 더 넣고 저어서 10분 정도 더 취사해요.

③ 용기에 담아 보관해요.

TIP

흑미에는 블루베리 같은 항산화 물질인 안토시아닌이 들어 있어요. 안토시아닌은 물에 오래 담가두면 빠져나갈 수 있으니, 흑미를 씻고 불린 물을 그대로 사용해요.

TIP

불린 쌀 기준으로 2.5배를 맞추고 양은 자유롭게 조절하세요. 저는 거의 5일에서 7일 치씩 만들어 3일분은 냉장 보관하고 나머지 2~4일 치는 냉동 보관했어요.

근대

근대는 칼슘과 비타민 K가 많아 성장기인 아기에게도 좋은 재료예요. 또한 필수 아미노산도 들어 있어요. 근대는 특히 된장과 참 잘 어울려요. 근대 된장국은 집 나간 입맛도 돌아오게 한다는 이야기가 있답니다. 또 소고기와도 참 잘 어울려서 함께 토핑 이유식으로 자주 내주면 좋아요.

저는 아기에게 잎채소를 매일 하나 이상은 주기 때문에 근대 큐브를 많이 만드는 편이에요. 그런데 익히면 양이 확 줄어서 한 번 살 때 보통 2봉지씩 구입하고 있어요.

🍲 재료 (20mL 큐브 9개)

○ 근대 300g

① 근대의 억센 줄기를 잘라내고 깨끗이 씻어요.

② 찜기에 6분 정도 쪄요.

③ 다지기로 다져요. 아기가 입자에 잘 적응했다면 칼로 다져요.

④ 큐브에 담아 보관해요.

TIP

근대 같은 잎채소는 만들면 숨이 확 죽어서 20mL에 꾹꾹 눌러 담으니 굉장히 많아지더라고요. 그래서 한동안은 15mL에 담기도 했어요. 그런데 점차 아기가 먹는 양이 늘어나기도 했고 청경채 같은 것은 부피가 좀 있어서 20mL 큐브에 담아도 괜찮았어요.

TIP

근대 큐브를 만들던 시기에 지율이가 만 10개월 정도였는데, 바나나를 엄지손가락 크기의 덩어리째 줘도 손으로 잡고 잘라서 씹어 먹기 시작했어요. 목에 걸려 캑캑거리지도 않았어요.

새우

첫째 때는 밥새우를 활용했는데 둘째는 새우살을 먹이고 싶어서 식단표에 따로 넣었어요. 집에서 새우를
자주 구입해 드시는 분들은 냉동 새우를 활용하면 편해요. 저는 손질을 못해서 손질된 새우를 구입했어요.

지율이가 잘 먹을까 걱정했는데 씹는 맛이 있는지 생각보다 잘 먹더라고요. 새끼손톱 반만 한 크기로 줬
는데 너무 잘 먹어서 순식간에 새우를 다 먹어버렸어요.

새우는 타우린, 칼슘, 미네랄이 많이 들어 있어 성장에 좋다고 해요. 대신 갑각류 알레르기를 일으킬 수
있으니 병원에 갈 수 있도록 꼭 오전에 먹이세요.

∘ 냉동 손질 새우 6마리

① 새우를 물에 담가 해동해요.

② 배와 등에 있는 내장, 꼬리를 제거해요.

③ 짠맛을 제거하기 위해 2분 정도 데쳐요.

④ 다지기나 칼로 다져요.

⑤ 큐브에 담아 보관해요.

TIP

익혀 먹을 거라 반드시 내장을 제거해야 하는 것은 아니지만, 약간 쓴맛이 날 수 있으니 가능하면 제거해요. 포크나 이쑤시개를 이용하면 쉽게 뽑아낼 수 있어요.

TIP

새우는 해산물과 같은 기준을 적용해서 일주일에 두어 번 정도 먹였고 한 번 먹일 때 생물 기준 20g 이하로 먹였어요.

PLUS 시판 다짐새우살

냉동 큐브 형태의 시판 다짐새우살은 보통 사용하기 좋게 4등분돼 있고 짠기도 많이 빠져 있어요. 처음부터 큐브를 구입해 사용하면 편해요.

🍲 **재료**

∘ 새우살 1개

① 새우 큐브를 개봉한 뒤 1개만 꺼내서 전날 냉장실로 옮겨요.

② 해동된 새우를 20분 정도 물에 담가 짠기를 빼요.

③ 내열 유리에 넣은 후 찜기에 10분 정도 쪄요.

④ 칼로 다져서 이유식과 함께 줘요.

대추

많은 분이 이유식에 쓸 대추 손질을 어려워하시더라고요. 그래서 제가 조금 쉽게 해봤어요. 대추를 후기 2단계까지 미룬 이유가 쉽게 하기 위함이랍니다.

대추를 보고도 먹지 않으면 늙어진다는 말이 있어요. 그만큼 생리 활성 물질이 많이 들어 있고 식이섬유와 비타민도 풍부해요. 특히 생대추에는 비타민 C가 오렌지보다 많다고 해요. 다만 생대추는 돌 지나서 주세요. 아기가 설사할 수 있으니 꼭 익혀줘야 해요.

대추는 아삭하고 단맛이 있어서 아기도 참 좋아해요. 아기가 입맛 없어 할 때 시도해보세요. 건대추를 이용해서 토핑을 만들어볼게요.

🍲 재료 (20mL 큐브 9개)

○ 건대추 200g

① 대추가 통통해질 때까지 물에 2~3시간 이상 확 불려요. 저는 전날 담가두고 자요.

② 불린 대추를 반으로 잘라요.

③ 칼로 한 바퀴 돌려가며 씨와 꼭지를 도려내요.

④ 찜기에 10분 정도 쪄요. 수분이 스며들면 대추 속살의 색이 변하는데 그럼 다 익은거예요.

⑤ 핸드블렌더로 갈아요.

⑥ 큐브에 담아 보관해요.

> **TIP**
>
> 대추를 물에 담그면 하얀 거품이 올라와요. 이것은 독성이 없는 '사포닌'이라는 물질로, 깨끗이 씻었다면 걱정하지 않아도 돼요.

> **TIP**
>
> 핸드블렌더에 간 뒤 붙어 있는 대추 찌꺼기는 핸드블렌더를 뜨거운 물에 넣고 한 번 돌리면 대추차가 돼요. 꿀을 넣고 마셔보세요.

> **TIP** 대추 손질
>
> 많은 분이 대추 껍질을 벗기는 것을 굉장히 힘들어하셔서 저는 껍질째 가는 방법을 선택했어요. 시판이나 밥솥 이유식을 보면 전부 껍질이 들어가 있는데 유독 토핑 이유식에서만 껍질을 제거하더라고요. 물론 껍질이 아기 입에 약간은 꺼끌꺼끌할 수 있어 다지기보다는 핸드블렌더로 초기 이유식처럼 곱게 갈았어요. 다만 아기에게 줄 때 뻑뻑하면 아기가 먹기 힘들어해요. 구역질을 할 수 있고요. 그러니 수분을 첨가해 퓌레처럼 촉촉하게 만들어서 토핑이나 간식으로 활용해보세요.

대추 손질 ▲

옥수수

SNS에 올라오는 옥수수 큐브를 보고 깜짝 놀랐어요. 대추처럼 알알이 껍질을 까면서 힘들게 만드시더라고요. 옥수수는 알맹이만 사용해야 해서 손질이 번거로워요. 그래서 저는 이 재료를 조금 후반부에 사용하더라도 쉽게 손질하는 게 낫겠다고 생각했어요.

옥수수는 초당옥수수도 좋고 찰옥수수도 좋아요. 초당옥수수는 달콤해서 아기들이 좋아해요. 지율이에게 이유식 거부가 왔을 때 달달한 초당옥수수를 주니 입을 다시 쩍 벌렸답니다.

🍲 재료 (30mL 큐브 6개)

○ 옥수수 3개

① 옥수수를 찜기에 15~20분 정도 푹 찌고 식혀요. 초당옥수수는 익으면 노랗게 변해요.

② 찐 옥수수를 세워서 옥수수알을 칼로 잘라요. 일일이 손으로 뚝뚝 따는 건 너무 오래 걸려요. 편하게 팍팍 잘라도 괜찮아요.

③ 옥수수알을 핸드블렌더로 갈아요. 다지기로 다지면 껍질과 알맹이와 씨눈이 다 분리돼서 식감이 이상해져요.

④ 큐브에 담아 보관해요.

TIP

옥수수 스프 만드는 법을 214쪽에서 알려드릴게요.

TIP

옥수수가 많이 남았다면 옥수수알을 마요네즈와 설탕 그리고 위에 모짜렐라 치즈를 넣고 전자레인지에 돌려보세요. 간단하게 맛있는 콘치즈를 만들 수 있답니다.

TIP 찰옥수수 vs. 초당옥수수

찰옥수수는 찰기가 있고 쫀득해요. 초당옥수수는 수분이 많아 아삭하고 달콤해요. 둘 다 이유식에 사용해도 되는 재료지만, 저는 초당옥수수가 껍질도 부드럽고 더 좋았어요. 찰옥수수는 찰기 때문에 조금 꾸덕해지더라고요. 옥수수는 여름이 철이라 겨울이나 봄에는 냉동 제품을 구입해서 사용할 수 있어요. 초당옥수수는 수분이 빠져나가면 맛이 없어지므로 삶지 말고 꼭 쪄서 드세요.

TIP

후기 이유식이지만 옥수수와 대추처럼 손질이 어려운 재료는 곱게 갈아서 주고 다른 재료에서 입자를 키워주면 돼요. 꼭 모든 재료의 크기가 균일할 필요는 없어요. 아기가 입자 적응을 잘 했다면 옥수수알째로 먹여보세요. 오물오물 잘 먹는다면 굳이 갈 필요가 없어요.
옥수수가 변에 그대로 나오는 것은 정상이에요. 3~4살 아기들도 그렇거든요.

느타리버섯

느타리버섯은 정말 다양하게 쓰이는 재료예요. 찌개에도 넣어 먹을 수 있고 나물처럼 무쳐 먹을 수도 있어요. 버섯은 워낙 좋은 재료로 알려져 있어 이유식에도 항상 빠지지 않는 것 같아요. 여태까지 넣은 버섯은 새송이버섯, 표고버섯, 팽이버섯 그리고 느타리버섯이에요.

느타리버섯은 갓의 표면이 회색빛이 나고 그 모양이 잘 잡혀 있는 것이 좋아요. 다른 버섯에 비해 금방 부패하기 때문에 구입하자마자 바로 큐브로 만들어주세요. 만약 버섯에서 냄새가 나고, 만졌는데 미끌거 린다면 이미 상했을 확률이 높아요.

🍲 재료 (30mL 큐브 7개)

○ 느타리버섯 200g

① 흐르는 물에 아주 빠르게 씻어요.

② 찜기에 7분 정도 쪄요. 버섯은 전체적으로 촉촉해지면 다 익은 거예요.

③ 다지기로 다져요.

④ 큐브에 담아 보관해요.

📋 TIP

후기 2단계지만 저는 아직도 버섯과 고기류는 잘게 다져주는 편이랍니다. 점점 입자를 키우지만 무한정 키우는 게 아니에요. 입자에 익숙해지기 위한 연습을 하는 거예요. 5살인 첫째도 적당히 잘라줘야 잘 먹어요. 너무 크면 씹다가 힘들어서 다시 뱉더라고요.

숙주

콩나물 손질이 너무 힘들었지만 하율이가 숙주 반찬을 좋아하니 지율이도 해주고 싶어 숙주 큐브도 만들었어요. 머리를 똑 따야 하는 콩나물과 달리 그나마 뿌리만 살짝 다듬으면 되니 더 쉬워요. 단, 숙주 뿌리에는 에너지 생성과 해독 효과가 있는 아스파라긴산이 들어 있어 완전히 제거하지는 않을 거예요. 대신에 너무 물러버린 부분이나 물에 담갔을 때 동동 떠오르는 것을 골라주는 정도로만 손질했어요.

숙주는 찬 성질이 있고 비타민이 많아 여름철이나 열이 많은 아기에게 좋은 재료라고 해요.

🍲 재료 (30mL 큐브 4~5개)

○ 숙주 200g

① 숙주를 물에 담가 먼지와 잔뿌리를 적당히 제거해요.

② 찜기에 7분 정도 쪄요. 투명해질 때까지 찌면 돼요.

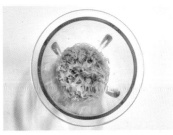

③ 다지기로 끊어가며 적당히 다져요.

④ 큐브에 담아 보관해요.

▌TIP 숙주 세척

큰 스테인리스볼에 숙주를 넣고 물을 가득 부으면 가벼운 먼지나 물러서 잘려 나온 뿌리가 둥둥 떠 다녀요. 그렇게 부유물을 거르고 체에서 숙주를 헹군 뒤 다시 스테인리스 볼로 옮겨주면 체에도 잔뿌리가 많이 걸려 있어요. 이렇게 몇 번만 해주면 적당히 손질이 돼요.

아스파라거스

아스파라거스는 고기를 구워 먹을 때 버섯과 같이 먹으면 참 맛있어요. 제가 어렸을 때는 아스파라거스를 접하기 힘들었는데, 이제는 오프라인 마트나 온라인 마트에서도 쉽게 구할 수 있는 재료가 됐어요. 아스파라거스는 겨울을 제외하고는 언제든 수확이 가능하지만, 사실 4~5월이 제철이에요.

콩나물에 아스파라긴산이 많다고 알려졌지만 사실 콩나물보다 아스파라거스에 10배나 더 많다고 해요. 섬유소도 풍부해 변비에도 좋으며, 엽산도 풍부해 임산부에게도 좋은 재료예요.

🍲 재료 (30mL 큐브 4개)

○ 아스파라거스 150g

① 아스파라거스의 끝부분을 1/4 정도 잘라내요.

② 칼로 껍질을 살살 긁어요. 꼼꼼하게 다 벗길 필요는 없고 쭉 돌려가며 살짝 긁으면 돼요.

③ 씻어서 찜기에 10분 정도 쪄요.

④ 칼로 0.5~0.7cm 정도 크기로 쫑쫑 썰어요.

⑤ 큐브에 담아 보관해요.

🏷 **TIP**

아기가 입자에 적응하지 못한다면 한 번에 1개씩 집어먹을 수 있도록 해보세요. 지금까지 아기가 잘 따라왔다면 입에서 오물오물 씹을 거예요. 그렇게 줘도 잘 못 먹는다면, 칼이나 다지기로 조금 더 다져주세요.

🏷 **TIP**

아스파라거스는 질겨 보이지만 찌면 생각보다 부드러워요. 미니 아스파라거스를 사용한다면 손질하지 않아도 괜찮을 것 같아요. 그래도 아기에게 주기 전에 한번 먹어보세요.

돼지고기

돼지고기는 이제 초기부터 먹여도 되는 재료로 바뀌었지만, 첫째가 알레르기 반응을 보여서 후기 2단계 식단표에 넣었어요. 이 시기에는 아기가 돼지고기를 먹을 수 있으면 완자를 만들어도 좋아요.

돼지고기도 소고기와 마찬가지로 기름기 없는 안심을 먼저 사용할 거예요. 단백질과 비타민 B군의 함량이 매우 높은 붉은 고기인 돼지고기에는 소고기보다는 적지만 철분도 꽤 들어 있어요. 보통은 하루에 어떤 고기든 최소 요구량을 먹이면 되는데, 하얀 고기인 닭고기보다는 돼지고기, 소고기를 더 많이 사용한다고 생각하면 돼요.

만약 아기가 고기만 먹는 걸 어려워한다면 볶음 요리 등을 활용해보세요. 죽에 말아주면 아기가 씹지 않고 바로 삼키기 때문에 별로 추천하지는 않아요. 하율이와 지율이는 둘 다 16개월쯤부터 생고기를 사다가 구워주는 고기를 참 좋아했어요.

🍲 재료 (20mL 큐브 6개)
○ 돼지고기(안심) 120g

① 돼지고기를 키친타월로 꾹꾹 눌러서 핏물을 제거해요.

② 냄비에 10분 정도 삶아요.

③ 다진 고기가 아니라면 다지기로 다져요. 입자를 키우고 싶다면 칼로 다져요(다짐육을 사용해도 익으면서 덩어리져서 단단해지기 때문에 칼로 조금 다지는 게 좋아요).

④ 큐브에 담아 보관해요.

TIP

120g의 생고기를 익혔더니 약 80g이 됐어요. 후기 입자로 다져서 20mL 큐브에 담았더니 큐브 하나에 13~14g씩 6개가 나왔어요. 생고기 20g이면 익힌 고기로는 13~14g 정도라는 뜻이에요.

TIP

돼지고기는 뼈와 붙어 있는 고기가 아니면 핏물이 잘 나오지 않아서 키친타월로 꾹꾹 눌러주는 정도만 해도 돼요. 하지만 조금 오래된 고기나 냉동했던 고기는 찬물에 담갔다가 사용하는 것도 좋아요.

TIP

아기가 돌 전후에 다진 고기의 식감을 싫어해서 입에 넣기만 하면 뱉곤 했어요. 이쯤에는 생고기 기준 40g 이상은 먹여야 했는데 애가 탔어요. 밥에 넣어 죽으로 주기도 하고 섞어주기도 했는데 아주 얇은 구이용 고기를 구워주니까 정말 잘 먹었답니다.

TIP

돼지고기는 보통 안심을 사용하는데 그 이유는 지방이 없고 부드럽기 때문이에요. 그 외에 등심, 앞다리살, 뒷다리살도 사용 가능해요. 초기에는 지방이 없는 살코기만 쓰고, 후기 이유식이 되면 약간의 지방이 섞여도 괜찮아요.

완두콩

초·중기 초반에 완두콩을 토핑으로 줄 때는 속껍질을 다 제거해요. 그 이유는 아기 목에 걸릴 수도 있기 때문이에요. 또한 보통 곱게 갈아서 스프레드로 주는데 완두콩은 아무리 불리고 익혀도 꽤 단단해요.

　동화책 속에서나 보던 귀여운 꼬투리 안에 쏙 들어가 있는 완두콩은 역사가 오래된 작물 중 하나예요. 비타민이 풍부한 꼬투리를 통째로 먹는 방법도 있고 알알이 빼서 콩만 먹는 방법도 있는데, 이유식에서는 일단 콩만 주기로 했어요. 콩이기 때문에 단백질도 많지만 사실은 탄수화물이 주성분인 완두콩은 두뇌 건강에 도움을 주는 비타민 B₁은 물론 철분, 칼슘, 엽산 등 다양한 영양소도 함유하고 있어요. 이 좋은 완두콩을 제가 지율이에게 어떻게 먹였는지 그 방법을 알려드릴게요.

📖 재료 (30mL 큐브 10개)

∘ 완두콩 50g(불린 완두콩은 거의 2배가 돼요.)

① 완두콩은 전날 물에 담가 하루 이상 불려요. 저절로 벗겨진 껍질만 제거하고 따로 껍질을 벗기지 않아요.

② 불린 완두콩을 내열 용기에 넣고 밥솥에 물을 자박하게 부어서 잡곡 모드를 눌러요.

③ 다지기로 다져요.

④ 큐브에 담아 보관해요.

TIP

아기에 따라 다르지만, 지율이는 이때쯤 완두콩을 다지지 않아도 당근 큐브처럼 하나씩 집어서 씹어 먹을 수 있었어요.

TIP

완두콩소고기볶음 만드는 법을 215쪽에서 알려드릴게요.

옥수수 스프

겨울에 냉동 옥수수를 구입했더니 맛이 없다거나, 아기가 갈아줘도 잘 안 먹는다면 옥수수 스프를 만들어서 줘보세요. 더 고소하고 부드러워 잘 먹을 수 있어요.

재료 (200mL)

○ 옥수수 큐브 30mL 2개   ○ 감자 큐브 30mL 1개
○ 양파 큐브 30mL 1개   ○ 분유물 200mL

① 옥수수, 감자, 양파 큐브와 분유물을 냄비에 넣어요.

② 눌어붙지 않게 약불에서 스파출라로 잘 저어요.

③ 옥수수 스프가 완성돼요. 아기에게 치즈를 주고 있다면, 치즈를 반 장 정도 넣으면 더 고소해져요.

옥수수 스프를 유아식에서도 활용해볼 수 있어요. 옥수수와 감자, 양파 큐브를 버터에 볶은 후에 우유를 넣고 핸드 블렌더로 갈아서 한 번 끓여주면 돼요. 그러면 풍미가 훨씬 좋아요.

PLUS 완두콩소고기볶음

아마 완두콩 큐브를 그대로 잘 먹는 아기는 많지 않을 거예요. 그동안 잇몸과 혀로 으깰 수 있는 무른 토핑을 줬으니까요. 소고기와 함께 볶아서 반찬으로 줘보세요. 나중에는 그냥 완두콩밥을 해주는 게 가장 좋은 방법인 것 같아요.

🍲 **재료** (세 끼분 반찬)

○ 완두콩 큐브 30mL 2개   ○ 익힌 소고기 큐브 50mL 1개
○ 양파 큐브 30mL 1개(혹은 생양파 30g)

① 양파를 먼저 볶다가 소고기 큐브와 완두콩 큐브를 같이 넣고 볶아요.

② 완두콩소고기볶음이 완성돼요.

후기 이유식 3단계 전에 알아두세요

후기 3단계부터는 식단표 없이 자유롭게 이유식을 진행했어요. 아마 여기까지 진행하셨다면 이미 식단표에 구애받지 않고 자유롭게 토핑을 꺼내 주시는 분도 많이 계실 거예요. 저역시 냉동실에 있는 재료를 그때그때 활용하면서 가끔 새로운 재료를 맛보게 해줬답니다.

사실 후기 2단계가 지나고 나면 새로운 재료가 별로 없더라고요. 구하기 힘들거나 엄마·아빠도 평소에 먹지 않는 재료를 굳이 아기에게 먹일 필요는 없다고 생각했어요. 그러니 항상 새로운 재료를 먹여야 한다는 압박감은 내려놓으세요. 앞으로 하게 될 유아식도 아마 식단표 자체를 만들지 않게 될 거예요.

유아식이라고 점점 입자가 무한대로 커지는 게 아니고 일정 크기까지 아기가 거부 없이 잘 받아들였다면 이제 입자는 그만 키워도 괜찮아요. 특히 바나나 같은 음식을 줬을 때 스스로 잡고 뜯어 먹거나 잘라 먹는다면 입자 연습은 거의 끝났다고 봐도 좋답니다. 그러니 대부분의 재료는 다지기로 편하게 다지고 당근이나 무처럼 단단한 재료만 칼로 다져주세요.

이때 모든 재료를 일정한 크기의 입자로 만든다고 너무 스트레스받지 마세요. 지율이는 10개월이 조금 지나니까 1cm 큐브의 당근도 잘 집어먹기 시작했어요. 주변에 사진을 보여주니 깜짝 놀라더라고요. 1cm 큐브는 생각보다 크거든요. 그렇다고 모든 재료를 그렇게 주지는 않았어요. 고기를 1cm 큐브 형태로 주면 먹기 힘드니까요. 유아식으로 다가가는 이 시기에는 궁극적으로 맨밥을 먹고 반찬에 대한 거부감만 없으면 된답니다.

후기 3단계에는 냉동실에 있는 큐브를 자유롭게 활용하되, 새로 추가할 만한 재료를 몇가지 더 보여드릴게요.

후기 이유식 3단계 한 끼 식사 예시

한 끼 식사 예시를 보여드릴게요. 입자 크기는 참고만 하시고 아기에 맞게 진행하시면 돼요.

토핑 2 **케일**

토핑 3 **콜리플라워**

토핑 1 **돼지고기**

토핑 4 **토마토**

베이스 **수수쌀죽**

수수 (2배죽)

수수는 마트에서도 쉽게 구할 수 있는 잡곡이에요. 수수를 주식으로 삼는 나라도 있을 만큼 중요한 곡물 중 하나랍니다.

　백미와 비교했을 때 단백질이 더 많고 비타민 B군이 풍부해요. 특히 두뇌 활동에 도움이 되는 '히스티딘'이라는 성분이 많이 들어 있어 한때 농촌진흥청에서 수험생 식단으로 소개하기도 했답니다. 찰기가 있고 씹는 재미가 있는 수수는 폴리페놀, 탄닌, 플라보노이드와 같은 항산화 성분이 풍부해요. 또한 수수에 들어 있는 프로안토시아니딘은 방광의 면역 기능을 강화하고 염증을 제거하는 데 도움이 돼요.

🍲 재료 (125mL 6개)

- 쌀 150g(1컵)
- 수수 50g(1/3컵)

(쌀과 수수 불린 후 280g)
- 물 560mL(잡곡과 물 760g)

① 쌀과 수수를 섞어 씻은 후 2시간 이상 물에 불려요.

② 불린 잡곡을 밥솥에 넣고 죽 모드를 눌러 취사하면 죽이 완성돼요.

③ 이유식 용기에 담아 3일 치는 냉장 보관하고 나머지는 냉동 보관해요.

> **TIP**
>
> 완성됐는데 생각보다 죽이 너무 돼서 아기가 먹기 힘들어 하거나 거부한다면 물을 조금 더 넣고 10분 정도 취사해서 농도를 맞춰주세요.

케일

7~8월이 제철인 케일은 쑥갓처럼 향과 맛이 쌉싸름하고 떫어서 아기가 싫어할 수도 있어요. 익히면 맛이 부드러워지지만 초·중기에는 멋모르고 받아 먹던 아기들도 후기에는 음식의 호불호가 생겨서 입에 넣자마자 바로 뱉을 수 있어요. 만약 아기가 잘 먹지 않는다면 케일 토핑을 넣고 끓인 죽을 특식으로 주거나 잘 어울리는 사과, 바나나 등과 퓌레를 만들어 간식으로 줘보세요.

케일을 후기 이후로 미룬 이유는 다른 잎채소와 달리 익혀도 그 질김이 어느 정도 남아 있어 아기가 잇몸으로 씹어도 잘 으깨지지 않기 때문이에요. 우리가 케일을 쌈채소나 착즙해서 주스로 먹지, 반찬으로는 잘 먹지 않는 것처럼요.

케일은 루테인의 함량이 높아 눈 건강에 도움이 된다고 해요. 일반적으로 눈 건강에 좋다고 알려진 당근보다 루테인이 약 25배 이상 많이 들어 있어요. 제철은 7~8월이에요.

🍲 **재료** (30mL 큐브 5개)

○ 케일 200g

① 케일의 쓴맛을 제거하기 위해 물에 10분 정도 담가요.

② 깨끗하게 씻은 케일을 찜기에 7~8분 정도 쪄요.

③ 다지기로 다져요. 입자를 조금 더 키우고 싶다면 칼로 다져요.

④ 큐브에 넣어 보관해요.

🎫 TIP

후기 3단계 전에 사용한다면 줄기를 제거해주세요.

🎫 TIP

잎채소는 익히고 갈면 숨이 많이 죽어요. 30mL 큐브 1개에 잎채소가 40g씩 들어간 꼴이랍니다. 그래서 저는 20mL 큐브틀에 담아서 잎채소를 많이 주는 편이었어요.

🎫 TIP

케일 위에 사과 퓌레를 뿌려 샐러드를 줄 수도 있고 익힌 케일과 채썬 사과를 함께 내놓아 반찬으로 활용할 수도 있어요.

콜리플라워

콜리플라워, 양배추, 브로콜리, 케일은 모두 친척에 속하는 종이에요. 그래서 콜리플라워의 조리 방법과 용도가 브로콜리와 거의 비슷해요. 다른 채소들에 비해 탄수화물이 적고 단백질 함량이 높은 점도 비슷하죠. 콜리플라워를 모르는 분들은 하얀색 브로콜리라고 착각할 정도로 외양이 비슷하답니다.

하지만 식감이 브로콜리에 비해 조금 더 아삭하고 부드러워요. 비린내나 쓴맛 때문에 브로콜리를 거부하는 아기가 있다면 비타민 C가 풍부한 콜리플라워를 먹여보세요.

콜리플라워를 고를 때는 꽃이 깨끗하고 크림색을 띠며 단단하게 닫혀 있는 것이 좋아요.

재료 (30mL 큐브 18개)

○ 콜리플라워 400g
○ 식초 소량

① 식초를 넣은 물에 꽃이 푹 잠기도록 담가 씻어요. 브로콜리 세척법과 같아요.

② 찜기에 10분 정도 쪄요.

③ 칼로 아기가 먹기 좋게 다져요.

④ 큐브에 담아 보관해요.

TIP

콜리플라워를 직접 먹어보니 브로콜리보다 맛이 좋더라고요. 줄기가 야들야들하기도 하고, 푹 익히니 파인애플과 고구마 사이의 식감이었어요. 후기와 완료기 즈음이라 브로콜리처럼 줄기를 제거하지 않아도 괜찮을 것 같아 그냥 줬는데, 역시나 식감이 부드러워 아기도 잘 먹었어요.

TIP

지율이는 이맘때 바나나를 알아서 베어 먹고 덩어리째 먹을 수 있었어요. 그래서 콜리플라워도 푹 익히니 잘 으깨져 다지지 않은 그대로도 먹을 수 있었어요.

TIP

콜리플라워 200g이면 30mL 큐브 9개가 나온다고 보면 돼요.

토마토

요즘에는 토마토를 초기부터 먹이는 분이 많아요. 그런데 저는 손질이 조금 번거로워서 뒤로 미뤘어요. 그런데 어느 날 돌 전후쯤 됐던 지율이가 하율이가 먹고 있던 토마토를 하나 집어서 먹더라고요. 맛이 없었는지 바로 '붸!' 하더니 던졌어요. 우연한 기회로 알레르기 반응이 일어나지 않는다는 사실을 확인해서 바로 적응시켜주기 위해 토마토를 이용한 토핑을 만들어주기 시작했어요.

'토마토가 빨갛게 익을수록 의사는 얼굴이 퍼렇게 질린다'라는 말이 있을 정도로 영양가가 높은 건강한 채소예요. 비타민도 풍부하고 항산화 물질이 많아요. 특히 라이코펜은 그냥 먹으면 체내 흡수율이 떨어져서 열을 가해 기름과 함께 조리하는 것이 좋지만, 우리는 아직 이유식이라 기름진 음식에 아기가 익숙해지면 담백한 음식을 거부할 수 있으니 기름은 유아식부터 활용해보도록 해요.

🍲 재료 (씨와 심지 제거 시 30mL 큐브 3개, 통째로 사용 시 30mL 큐브 4개)

○ 토마토 2개

① 깨끗하게 씻은 토마토를 4등분으로 잘라요.

② 초·중기에 처음 토마토를 먹이는 경우 씨와 단단한 심지를 제거해요.

③ 찜기에 10분 정도 쪄요.

④ 껍질을 벗겨요. 익히면 파프리카보다 잘 벗겨져요.

⑤ 다지기로 끊어가며 서너 번 다지거나 칼로 다져요.

⑥ 큐브에 담아 보관해요.

▌ TIP

후기 이유식 이후라면 먼저 토마토에 십자로 칼집을 내고 찌면 껍질을 쉽게 벗길 수 있어요. 그리고 통째로 다지기로 다지거나 칼로 잘라서 주면 돼요.

너무 물러지면 죽이 되서 완료기에 입자감을 살리기 어려운데, 죽이 되지 않게 하려면 살짝 익혀서 찬물에 담근 뒤 껍질을 벗기면 어느 정도 과육의 식감이 생겨요.

완료기 이유식
(만 12개월 이후)

★ 간은 최대한 늦게 하는 게 좋아요.

★ 주스보다는 생과일을 주세요.

★ 엄마·아빠의 식사 스케줄과 맞출 수 있어요.

★ 분유에서 우유로 조금씩 바꿔가요.

★ 컵 사용을 연습할 수 있어요.

★ 일정한 시간에 규칙적으로 식사해요.

★ 돌아다니지 않고 한 자리에 앉아서 먹어요.

★ 세 끼 식사 사이에 간식을 주세요(하루 2회).

완료기 이유식 전에 알아두세요

후기 3단계에서 식단표 없이 이유식을 구성하는 연습을 했다면 이제는 만들어둔 이유식 토핑을 활용해서 조금씩 유아식으로 자연스럽게 넘어가는 과정을 거칠 거예요. 재료를 익혀서 그대로 먹지 않고 소금, 간장, 깨, 참기름을 넣는 이유는 더 맛있게 먹기 위해서예요. 그런 양념을 넣는다고 영양가가 확 올라가는 것은 아니라는 말이죠. 그래서 아기가 잘 먹는다면 굳이 토핑을 요리해서 먹일 필요는 없다고 생각해요. 다만 아기에게 입맛이 생겨서 먹기 싫어하는 재료가 생겼다면 그 재료를 요리해볼 수는 있어요.

저염, 무염 유아식 준비하기

이렇게 기존의 토핑 이유식을 조금씩 변형하면서 진행하면 무염 유아식이 된답니다. 저는 하율이 이유식도 15개월까지는 완전히 무염으로 했어요. 그 이후에도 최대한 간을 하지 않으려고 했고 그 결과 하율이는 입맛이 굉장히 심심한 아이가 됐어요. 거의 두 돌까지도 소금기 없는 음식을 잘 먹었고, 5살인 지금도 가장 좋아하는 음식이 방울토마토, 생당근, 생파프리카, 생오이 같은 채소예요.

반면 양념을 진하게 한 불고기, 제육볶음보다는 생고기 익힌 것을 더 좋아하고 케첩이나 카레, 짜장 같은 소스는 굉장히 싫어해서 아예 손도 대지 않아요. 5살이 된 후에 아기용 짜장으로 편하게 한 끼를 때우고 싶어서 시도해봤지만 하율이가 거부했고, 어린이집에서도 카레나 짜장, 크림소스류가 밥으로 나오면 4살까지도 밥을 따로 받아 먹을 정도로 자극적인 맛을 싫어했어요. 물론 우리 기준으로는 그렇게 자극적인 맛이 아닐지라도 말이에요.

하율이는 간식으로도 블루베리를 넣은 플레인 요거트를 가장 좋아하고, 지율이의 떡뻥을 같이 먹을 정도로 과자 욕심이 없어요. 치즈도 아직 지율이가 먹는 1단계를 같이 먹는답니다. 요즘도 종종 "한번 먹어볼래?" 하면서 기름진 피자나 치킨을 조금 떼어주면, "맛이 없어!" 하면서 멀리 가버리는 하율이에요.

지율이는 하율이와 식사를 같이 하다 보니 15개월부터는 조금씩 간을 해주게 됐어요. 간을 안 하려고 애쓰며 스트레스받지 않고 같이 즐겁게 먹을 수 있도록 했더니 대부분 가리는 것 없이 잘 먹고, 먹는 자체도 좋아해요. 그래서 저는 하율이와 지율이를 같은 식단으로 차려주고 있어요. 24개월까지는 무염으로 하는 것이 좋다고 하지만 아기의 성향과 환경에 따라 간을 조금씩은 하기도 해요. 특히 둘째는 더 그렇답니다.

완료기 이유식 이렇게 먹여요

밥은 어떻게 먹일까

이제 점점 엄마·아빠가 먹는 밥과 비슷하게 만들지만 그래도 아직은 부드러운 밥이 좋아요. 그러니 딱히 몇 배죽이라는 개념을 생각하지 말고, 그냥 평소보다 물을 조금 더 많이 잡아서 무른 밥 내지는 진밥으로 만들어주세요. 저는 이 즈음부터 아기 밥을 따로 하지 않고, 쌀을 불리고 밥을 부드럽게 만들어서 네 식구가 다 같이 먹었어요.

가끔 바쁠 때는 시판 이유식의 도움을 받았어요. 밥만 시판 이유식을 이용하고 토핑은 제가 만든 것을 꺼내줬는데, 완료기의 시판 이유식은 너무 단단하고 떡 같은 느낌이 있어 아기가 거부하기 딱 좋겠더라고요. 그래서 결국 다시 짓게 됐어요.

많은 아기가 무른 밥은 거부한다고 해요. 저희 첫째도 그랬고 둘째도 그랬어요. 아기가 무른 밥을 너무 안 먹으면 약간 후기로 후퇴했다가 다시 시도하거나, 무른 밥을 건너뛰고 진밥으로 넘어가는 방법을 선택하면서 이유식을 싫어하지 않게 만드는 것이 중요하다고 생각했어요.

밥을 잘 먹지 않는다면 밥을 이용한 레시피를 참고해보세요. 남는 큐브 처리하기에도 좋답니다.

아직은 중요한 고기 먹이기

만 12개월 즈음 아기들은 하루에 고기 40g(생고기 기준) 정도를 먹게 되는데 꼭 소고기여야 하는 것은 아니고 붉은 살코기 위주로 먹이면 철분을 공급해줄 수 있어요. 붉은색 고기는 소고기, 돼지고기, 양고기 등이 있어요.

기존에는 다진 고기를 익히고 냉동 보관해서 토핑으로 꺼내줬는데 돌이 지나니 식감이 싫은지 뱉더라고요. 한동안 밥에 섞거나 죽을 끓여서 주는 식으로 고기를 보충해주면서 어떻게 해야 할지 고민했어요.

어느 날 하율이 반찬으로 얇은 등심(밀빙 3초 등심)을 익혀서 잘리졌는데 찌을이기 히나 집어먹어 보더니 맛이 있는지 계속 손을 뻗어 입으로 가져갔어요. 끊임없이 달라고 해서 그 순간에 소고기 40g을 다 먹었던 것 같아요. 제가 운영하는 이유식 카페에는 육전용 소고기를 줬더니 잘 먹었다는 후기도 있었으니 참고하세요.

안심이나 우둔살보다는 기름기가 살짝 있는 등심 부분이지만 살코기 위주로 구워서 자른 다음 큐브에 넣어 보관했고, 전자레인지에 따뜻하게 돌려줬더니 아주 잘 먹어서 한동안 그렇게 줬어요. 그 시기 이후에는 어떤 소고기든 다 잘 먹었어요.

생선도 꾸준히 먹여요

생선은 오메가 3가 풍부하고 단백질이 들어 있어 아기가 성장하는 동안 꾸준하게 먹여야 할 재료예요. 완료기에도 수은 함량을 생각해서 일주일에 50g 정도 먹이고 돌이 지나면 조금씩 늘려보세요. 식품의약품안전처에서는 만 2세까지는 생물 기준 일주일에 100g을 넘지 않도록 하라고 권고하고 있어요.

생선을 먹이기가 번거롭다면 시판 큐브를 활용하거나 생물을 이용해서 큐브를 만들어두면 돼요. 생선구이를 다 같이 먹는 것도 좋아요. 지율이도 하율이 반찬으로 먹이고 있는 무염 생선을 굽거나 구워져 나온 냉동 생선을 가볍게 전자레인지에 돌려서 같이 먹이고 있어요.

때로는 엄마·아빠용으로 횟감을 떠다 찜기에 쪄서 주면 부드러워서 게눈 감추듯 잘 먹어요. 이제는 생선을 큐브로 만들어서 저장해놓기보다는 편한 방법을 찾아서 줘보세요. 그리고 생선을 반드시 매주 먹여야 한다는 압박감도 내려두세요.

채소 반찬은 이렇게 해보세요

완료기가 됐다고 혹은 유아식이 됐다고 당장 반찬을 만들어내야 하는 것은 아니에요. 지율이도 한동안은, 그리고 지금도 토핑 그대로 먹는 반찬이 있어요. 이를테면 브로콜리나 당근 그리고 잎채소 등은 그냥 그대로 꺼내주기도 해요.

반찬을 만들 때는 얼려둔 시금치 토핑을 꺼내서 마늘, 참기름 등과 함께 무쳐서 내주기도 하고, 엄마·아빠용 시금치를 무칠 때 따로 꺼내 버무려주기도 해요. 콩나물도 끓는 물에 살짝 데쳐서 아기용으로 건져 따로 무치기도 하고, 국을 끓여서 간하기 전에 용기에 담아 아기용을 빼놓기도해요.

채소와 고기를 듬뿍 넣은 카레도 엄마·아빠 먹는 대로 크게 썰어서 볶은 다음 푹 끓이고, 카레 가루를 넣기 전에 아기용으로 일부 건져서 가위로 잘게 잘라주고, 소량의 아기용 카레 가루와 우유를 넣은 다음에 한 번 끓여주면 간단하게 아기 카레를 만들어줄 수 있어요.

완료기라고 해서 무조건 완성된 반찬으로 줘야 하는 것은 아니니 토핑도 활용하면서 하나씩 시도해보세요. 볶음밥도 좋고, 밥전도 채소를 활용하기 좋은 방법이에요.

완료기 이유식 한 끼 식사 예시

한 끼 식사 예시를 보여드릴게요. 입자 크기는 참고만 하시고 아기에 맞게 진행하시면 돼요.

토핑 1 **소고기무볶음**   토핑 2 **달걀스크램블**

간식 **딸기**   토핑 3 **시금치나물**

베이스 **밥머핀**

밥·국수

완료기 아기들은 죽이 아닌 진밥 혹은 일반 밥 형태의 밥을 먹을
수 있어요. 하지만 이 시기에 일명 '밥태기'가 오면서 무른 밥 같
은 형태의 질감을 거부하는 아기들이 있답니다.
밥을 이용한 레시피는 그런 아기들에게 흥미로운 밥상을 차려줄
수 있고, 너무 많이 남겨 아까운 이유식을 다시 새로운 요리로 재
탄생시킬 수 있어요.

밥전

먹다 남은 이유식이 있을 때 혹은 남는 채소 큐브가 있을 때 만들 수 있어요. 식용유를 적게 두른 상태에서 타지 않고 노릇하게 구울 자신이 없어서 미리 만들어둔 소고기 큐브를 쓰거나 채소를 물을 넣고 볶아서 익힌 후에 사용했어요.

  대구살로 밥전을 구울 때 정말 맛있는 냄새가 나요. 명절에 동태전 굽는 냄새랑 똑같아요. 제 입에도 맛있었어요.

소고기 밥전

🍲 재료
- 밥 200g
- 소고기(생고기) 30g
- 달걀 2개
- 채소 큐브 또는 당근, 양파, 애호박 각 30g
- 물(채수) 200mL
- 식용유 소량

① 소고기와 손질한 채소를 물을 넣고 볶아요. 물은 100mL씩 두 번 넣어요. 만들어둔 채소 큐브가 있다면 이 과정은 생략해도 돼요.

② 밥, 소고기, 채소와 달걀 2개를 넣고 섞어요.

③ 팬에 식용유를 소량 두르고 숟가락으로 반죽을 떠서 노릇하게 구워요.

> **TIP**
> 와플팬도 사용할 수 있어요. 다만 예열을 꼭 하고 식용유를 잘 발라야 밥이 잘 떨어져요.

> **TIP**
> 아기가 달걀 흰자에 알레르기가 있다면 노른자만 넣어도 괜찮아요. 다만 너무 되면 잘 뭉치지 않으니 밥이 서로 엉겨 붙을 정도로 질척하게 만들어야 해요.

대구살 밥전

🍲 재료
- 밥 200g
- 대구살 20g
- 달걀 2개
- 채소 큐브 또는 애호박, 버섯, 양파 각 30g
- 물(채수) 200mL
- 식용유 소량

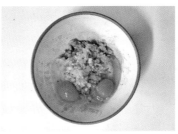

① 예열된 팬에 채소와 대구살 그리고 물을 넣고 볶아요.

② 볶은 재료를 밥, 달걀과 섞어요.

③ 팬에 식용유를 소량 두르고 숟가락으로 반죽을 떠서 노릇하게 구워요.

밥볼

이미 만들어둔 익힌 채소 큐브를 활용하면 밥과 뭉쳐서 그대로 먹어도 맛있어요. 질감에 따라 손으로 집었을 때 손바닥에 다 묻을 수 있는데, 이럴 경우 아직 소근육이 발달하지 않은 아기가 먹을 때 다 부서지거나 손에 묻어 먹기 힘들어할 수 있어요. 그럴 때는 에어프라이어에 10분만 구워주세요. 한꺼번에 섞어서 뭉치지 않고 그대로 팬에 볶으면 소고기채소볶음밥이 된답니다.

🍲 재료

∘ 밥 100g
∘ 익힌 소고기 큐브 50mL 1개
∘ 채소 큐브 또는 당근, 애호박, 양파 등 채소(총 40g) 1개

① 소고기 큐브, 채소 큐브, 밥을 한 번에 섞어요. 너무 질어 뭉치지 않으면 쌀가루를 조금 넣어요.

② 적당한 크기로 동그랗게 빚어요.

③ 에어프라이어 170도에서 10분 정도 구워요.

> **TIP**
>
> 재료는 자유롭게 바꿔주세요. 버섯을 활용해도 맛있어요. 재료에 물이 너무 많아지면 뭉치지 않으니, 채소 큐브를 사용할 때는 수분을 빼야 해요.

> **TIP**
>
> 밥은 무른 밥에서 진밥 정도일 때 잘 만들어져요. 종지에 물을 떠놓고 손에 발라가며 만들면 손에 묻지 않고 더 쉽게 만들 수 있어요.

> **TIP**
>
> 만들어둔 채소 큐브가 너무 크다면 칼로 더 다져주는 게 좋아요. 입자가 너무 크면 밥이 뭉치지 않고 자꾸 쪼개지거든요.

밥머핀

재료는 평범하지만 결과물은 예쁜 밥머핀이에요. 예쁜 음식을 먹으며 기분 내고 싶다면 만들어보세요. 집에 남는 채소를 활용하면 단순한 머핀틀 하나로 멋을 부릴 수 있답니다.

　또한 아기가 집어먹기 좋아 스스로 먹는 것을 좋아하는 자기주도 이유식을 하는 아기에게도 좋아요. 아기에게 주면 보자마자 손으로 집어서 다 부수고 주물럭거리면서 입으로 가져갈 거예요. 예쁘게 만들어졌다면 부숴지기 전에 기념 촬영해두세요!

🍲 재료

- 밥 100g
- 달걀 1개
- 소고기(생고기) 30g
- 채소 큐브 또는 파프리카, 양파, 버섯 등 채소(총 70g)

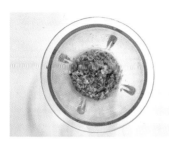

① 소고기와 채소를 넣고 다지기로 한 번에 다져요. 양파가 맵다면 한 번 볶아서 넣어요.

② 다진 재료와 밥 그리고 달걀 1개를 넣고 섞어요.

③ 재료를 머핀틀에 채워요.

① 예열된 에어프라이어 180도에서 10~15분 정도 구워요.

> **TIP**
>
> 집에 만들어둔 큐브가 있다면 큐브를 이용해서 뚝딱 만들 수도 있어요. 큐브도 물기를 적당히 제거하고 똑같은 비율로 넣으면 돼요. 밥, 달걀과 섞어 바로 머핀틀에 넣고 구워주세요.
> 흰살생선을 활용해도 좋고, 닭고기도 좋아요. 위에 치즈를 얹어도 맛있어요. 집에 있는 다양한 채소도 활용할 수 있어요.

> **TIP**
>
> 머핀틀을 활용하면 밥머핀뿐만 아니라 간식으로 머핀을 만들어줄 수 있어요. 머핀틀이 없다면 집에 있는 실리콘 큐브틀을 활용할 수도 있어요. 단, 큐브틀 두께가 두껍다면 2~3분 더 돌려주세요. 종이 머핀틀은 잘 떨어지지 않아 머핀이 망가질 수 있으니 추천하지 않아요.

> **TIP**
>
> 밥머핀이 다 익었는지 모르겠다면 젓가락으로 찔러보세요. 반죽이 묻어나지 않으면 다 익은 거예요.

잔치국수

잔치국수는 토핑이 없어도 뚝딱이지만 만들어놓은 토핑이 있다면 더 빠르게 국수를 말아줄 수 있어요. 대부분 촉감 놀이로 바닥에 던지겠지만 국수를 짧게 잘라서 숟가락으로 떠 지율이에게 먹이니 생각보다 잘 먹더라고요. 만들어둔 토핑이 있다면 레시피도 생각보다 간단하니 가끔씩 특식으로 만들어주세요.

 아기가 소면을 싫어한다면 우동면을 써보세요. 하율이는 지율이와 달리 소면을 좋아하지 않지만 우동면은 좋아했어요. 다만 먹다가 목에 걸릴 수 있으니 잘라서 주세요. 레시피대로 끓여도 좋지만, 넉넉하게 끓여서 간을 추가하고 엄마·아빠도 함께 먹으면 한 끼가 해결돼요.

🍲 재료

○ 소면 50g
○ 채소 고명 약간(애호박, 당근, 양파, 달걀, 소고기 등)
○ 육수(물 400mL , 다시마 조각 1개, 멸치 3마리)

① 물, 다시마, 멸치, 채소 등 육수 재료를 넣고 10분 정도 끓인 뒤 다시마와 멸치는 건져요.

② 새 물을 받아 소면을 넣고 3~5분 정도 끓여요. 익었는지 궁금하면 면을 하나 먹어봐요.

③ 익힌 면을 찬물에 헹궈 식혀요.

④ 육수에 소면을 넣고 고명을 얹어요.

TIP

만들어둔 토핑이 있다면 토핑을 사용하면 되고 그렇지 않으면 채소를 넣어서 같이 끓이면 돼요. 저도 처음에는 토핑으로만 국수를 만들어줬어요.

TIP

소면 100g은 어른 1인분이에요. 아기는 50g 정도로 만들면 되는데, 소면을 잡았을 때 지름이 엄지손톱보다 약간 큰 정도예요.

TIP

국수를 삶을 때 물이 끓어오르면 찬물을 넣고, 또다시 끓어오르면 찬물을 넣는 과정을 두세 번 반복해주면 좀 더 쫄깃하고 맛있는 면발이 완성돼요.

TIP

소면은 나트륨 함량이 생각보다 높아요. 한 번 끓여서 헹구면 어느 정도 사라지지만 무염 이유식을 원한다면 잔치국수는 가급적 돌 지나고 먹이는 게 좋아요.

완자·볼

완자와 볼은 아기의 소근육 발달에 좋고, 스스로 집어먹고자 하는 욕구를 충족시켜줄 수 있어요. 어느 순간 엄마가 먹여주는 숟가락을 거부하거나 어설프게 숟가락 사용을 해보려고 끙끙거리는 시기가 올 거예요. 그럴 때 아기에게 숟가락을 뺏겨 스트레스 받지 마시고, 완자나 볼류의 음식을 줘보세요. 아기도 스스로 집어먹으면서 만족감을 느끼고 엄마도 편하게 이유식을 진행할 수 있어요.

고기 완자

저는 동그랑땡인 완자 만들기가 정말 어려웠어요. 그래도 아기들이 잘 먹어서 겨우겨우 만들었답니다. 제가 가장 힘들었던 부분은 겉만 타고 속은 잘 안 익었던 것과 반죽의 되기 맞추기였어요. 식용유를 적게 써야 하니 더 그랬던 것 같아요.

저는 가급적이면 돼지고기까지 먹어보고 완자를 만드시는 것을 추천해요. 완자는 돼지고기의 비율이 올라갈수록 맛이 좋고, 두부가 들어가면 부드러워요. 또한 기름기가 많으면 더 고소하죠. 소고기만 넣고 만들면 뻣뻣하고 감칠맛이 적어요. 하지만 아직 돼지고기를 먹이지 않았다면 소고기를 200g 넣어주면 돼요.

소고기는 이유식 부위를, 돼지고기는 안심을 사용했어요. 다양한 채소를 넣어도 되고 없으면 양파만 넣어도 괜찮아요. 모양이 이상하면 어떤가요? 여기에 후추와 소금으로 간을 한다면 엄마·아빠 식탁에 올라가도 손색 없으니 양껏 만들어보세요.

🍱 재료

- 다진 소고기(생고기) 100g
- 두부 100g
- 채소 큐브 또는 양파, 당근, 버섯 등 채소(총 70~80g)
- 밀가루 혹은 전분가루 1큰술
- 다진 돼지고기(생고기) 100g
- 달걀 1개

 TIP

바로 뒤쪽에 실패하지 않고 고기 완자를 만드는 팁이 있으니 참고하면 좋아요.

① 소고기와 돼지고기는 1:1 비율로 해동하고 핏물을 제거해요.

② 두부는 칼등으로 으깨고 키친타월로 수분을 제거해요. 서너 번 이상 골고루 꾹꾹 눌러야 해요.

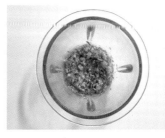

③ 채소는 다지기로 다져요. 양파가 너무 매우면 물을 넣고 한 번 볶아요.

④ 재료를 모두 넣고 밀가루를 넣은 후 반죽해요. 달걀옷을 입히려면 달걀 없이 반죽하고, 달걀옷을 입히지 않는다면 달걀도 넣어 반죽해요.

⑤ 반죽을 3분 이상 치대요. 많이 치댈수록 잘 뭉치고 맛이 좋아요. 반죽이 손에 묻어나지 않을 정도로 수분이 없어야 해요.

⑥ 반죽을 동글납작하게 빚어요. 익으면서 부풀어 오르기도 하고 가운데가 잘 익지 않을 수 있으니 가운데를 양손으로 눌러서 오목하게 해요.

⑦ 반죽에 밀가루와 달걀옷을 입혀요.

⑧ 예열된 팬에 올려 뚜껑을 닫고 약불로 익혀요. 식용유 없이 익히거나 필요하면 아주 소량만 사용해요.

⑨ 반죽이 많이 남았다면 큐브에 넣고 찜기에 쪄도 좋아요.

TIP 두부의 수분 제거

두부의 수분을 제거할 때 면포를 사용해도 좋지만 면포가 없다면 집에 있는 삶은 가제 수건을 활용해도 좋아요. 밤부 소재는 연해서 찢어질 수 있으니 면으로 해주세요. 아니면 전자레인지에 돌려서 수분을 날려도 좋아요.

TIP 다양한 채소 넣기

채소는 주로 양파만 고정하고 나머지는 다양하게 바꿔요. 저는 버섯을 넣는 것도 좋아해요. 부추를 넣어도 맛있어요.

TIP 반죽에 달걀을 넣을 때

달걀옷을 입히지 않고 만들 때 수분이 많은 반죽에 달걀을 넣는다면 노른자만 넣었다가 반죽의 농도를 보고 흰자도 넣어주세요. 처음부터 하나를 다 넣으면 반죽이 너무 묽어질 수 있어요.

TIP 남은 반죽 처리

남은 반죽은 큐브에 담아 냉동 보관해도 돼요. 번거롭다면 한꺼번에 다 구운 후에 냉동 보관했다가 전자레인지에 해동해 먹을 수도 있어요.

TIP 고기 완자 안 타게 만들기

고기 완자에 실패하는 이유는 크게 두 가지가 있어요. 첫 번째 이유는 완자가 자꾸 타는 거예요. 저는 요리를 못해서 만들기만 하면 딱딱하고 타버리기 일쑤였어요. 결국 해결책을 찾았는데요, 완자가 타는 이유는 식용유를 적게 사용하기 때문이에요. 명절에 전을 부칠 때 쓰는 기름양을 생각하면 이해가 갈 거예요.

식용유를 적게 쓰고도 태우지 않는 방법에는 전자레인지에서 1차로 익히는 법이 있어요. 그런데 생각보다 번거로워서 잘 안 하게 되더라고요. 그래서 저는 달걀옷을 입혔어요.

육즙이 자꾸 나오는 바람에 식용유를 적게 넣으면 아무리 약불에서 익혀도 까맣게 그을리고 타게 되는데, 달걀옷을 입혀서 코팅해주면 육즙이 빠져나오지 못해 동그랑땡이 촉촉하고 더 맛있어요. 태우는 것도 덜하고요. 간을 하지 않았는데도 제 입에도 맛있었답니다.

TIP 고기 완자 반죽 제대로 만들기

고기 완자에 실패하는 두 번째 이유는 반죽이 제대로 되지 않아 잘 뭉치지 않기 때문인데요, 이건 대부분 물 때문에 생기는 문제예요. 이를테면 두부의 수분기를 제대로 제거하지 않았거나, 쪄서 냉동 보관한 토핑에 수분이 너무 많았다거나, 불린 버섯을 물에 담갔다가 그대로 사용했다든가 하는 문제랍니다. 토핑을 그대로 사용할 때는 꼭 해동해서 물기를 짜거나 팬에 살짝 볶아 수분을 날리고 더 잘게 다져서 사용해야 해요.

닭고기 완자

닭고기 안심을 이용하면 부드러운 닭고기 완자를 만들 수 있어요. 여기에 양파, 당근, 애호박 같은 단골 재료를 넣어서 만들어도 맛있고, 브로콜리와 고구마를 조합하면 달콤해서 맛있답니다. 어떤 조합이든 다양하게 만들어볼 수 있어요.

　또한 닭고기 완자는 굽는 것보다 간단하고 기름지지 않아서 좋아요. 맛은 약간 부드러운 닭가슴살 소시지 맛이 난답니다. 냉동실에 완자류 몇 개만 들어 있어도 든든한 기분이 드니 한번 해보세요.

🍲 재료 (30mL 큐브 6개)

- 닭고기(안심)(생고기) 150g
- 브로콜리 40g
- 양파 30g
- 우유 또는 분유물
- 당근 30g
- 밀가루 1큰술

① 닭고기를 손질하고 우유에 15분 정도 담가요. 돌 전이라면 분유물을 사용해요.

② 닭고기와 채소를 한꺼번에 다지기로 다져요.

③ 밀가루를 조금씩 넣어가며 적당한 농도를 맞춰요.

④ 반죽을 실리콘 큐브틀에 스파출라나 알뜰주걱으로 잘 펴서 담아요.

⑤ 찜기에 20분 정도 쪄요.

TIP

새 양파가 맵다면 만들어둔 채소 큐브를 쓰거나, 양파를 팬에 익혀서 매운맛을 날려주세요. 조금 번거롭지만 양파가 갈색이 될 때까지 팬에 볶아서 양파잼을 만들어 넣으면, 달콤해서 아기도 잘 먹어요.

TIP 고구마 넣고 만들기

당근 대신 고구마를 넣은 또 다른 레시피를 알려드릴게요. 닭고기(안심) 200g, 양파 40g, 고구마 50g, 브로콜리 40g, 밀가루 1큰술의 재료로 만들면 30mL 큐브 9개가 나와요.

TIP 랩사용

랩은 열을 가하거나 냉동하면 미세 플라스틱이 떨어져 나온다는 이슈가 있어서 사용하지 않았어요. 하지만 랩이 재료랑 붙지만 않으면 괜찮아요. 예를 들면 용기에 랩을 씌우는 것은 괜찮아요.

TIP

아기가 잘 안 먹는다면 배즙이나 사과즙을 넣고 완자를 부쳐서 볶아줘보세요.

소고기볼

소고기볼은 소고기 함량이 많은 반찬을 해주고 싶을 때 핑거푸드로 만들어주면 좋아요.

  빚을 때 힘을 꾹꾹 줘서 뭉쳐야 풀어지지 않아요. 채소는 잘게 썰어야 소고기볼이 잘 뭉치니 완료기의 큰 입자로 저장해놨다면 칼로 좀 더 다진 후에 사용하세요.

🍲 재료

- 소고기(생고기) 200g
- 두부 100g
- 채소 큐브 혹은 양파, 당근, 버섯 등 채소(총 50g)
- 전분가루 1큰술

① 소고기를 키친타월로 꾹꾹 눌러 핏물을 제거해요.

② 채소 큐브가 있다면 사용하고, 없다면 각종 채소를 골고루 총 50g 정도 준비해요.

③ 두부는 칼등으로 으깨고 키친타월로 수분을 제거해요.

④ 재료를 모두 넣고 전분가루를 넣어요.

⑤ 반죽을 3분 이상 치대요. 많이 치댈수록 잘 뭉쳐요.

⑥ 반죽을 동그랗게 빚어서 찜기에 15분 정도 쪄요.

🏷 TIP

재료에 수분이 많아 가루를 더 넣어야 한다면 전분가루가 아닌 밀가루나 쌀가루를 추가로 넣어주세요. 전분가루를 너무 많이 넣으면 식감이 진득하게 변해요. 채소를 너무 많이 넣거나 다진 채소의 크기가 크면 볼이 벌어져요.

🏷 TIP

손으로 일일이 빚는 시간이 오래 걸리고 꼭 동그랗게 만들 필요는 없으니 15mL 큐브에 넣고 찔 수도 있어요.

새우볼

고기 완자 이후로 제 입맛을 사로잡은 새우볼이에요. 쫀득하고 식감이 좋아서 지율이도 참 좋아했어요. 만들고 나니 순식간에 사라졌답니다.

　손질된 새우를 사용하면 한 번에 다지기로 다지면 돼서 간단해요. 그런데 새우마다 짠맛에 차이가 있으니 아기에게 주기 전에 꼭 먼저 먹어보세요.

🍲 재료

◦ 냉동 손질 새우 100g
◦ 채소 큐브 또는 양파, 당근 등 채소(총 30g)
◦ 전분가루 반 큰술 또는 1작은술

① 새우는 해동 후 손질하고 채소 큐브
   혹은 채소는 수분을 제거해요.

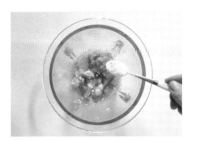

② 재료를 모두 넣고 다지기로 다져요.

③ 전분가루를 넣고 반죽을 치대요.

④ 반죽을 동그랗게 빚어서 찜기에
   15분 정도 쪄요.

📋 TIP 새우완자탕

에어프라이어보다는 찜기로 쪄야 더 맛있어요. 만약 새우
가 너무 짜서 완자가 좀 짜게 됐다면 새우완자탕으로 응용
할 수 있어요. 육수와 양파를 넣고 끓인 다음, 완자를 넣고,
달걀물을 풀어 넣어주면 새우완자탕이 되는데, 그러면 짠
맛이 조금 빠져요.

📋 TIP

새우살을 칼로 다지면 씹는 식감이 더 좋아져요.

삼색두부볼

두부와 채소로 간단하게 두부볼을 만들 수 있어요. 후기에서 완료기쯤 되면 아기가 스스로 먹고 싶어서 숟가락을 달라고 하거나 뜻대로 잘 안 돼서 울고 불고 하는 시기가 와요. 그 시기에 이유식을 먹이는 것이 굉장히 힘든데 그때 활용하면 좋아요. 알록달록 예쁘기까지 해서 아기 이유식을 기록하는 엄마들에게 인기 있는 메뉴예요.

   지금부터 제가 삼색두부볼을 쉽게 만드는 법을 알려드릴게요.

🍲 재료

○ 두부 100g
○ 채소 큐브(시금치, 당근, 비트 큐브 30mL 각 1개) 또는 생채소
○ 쌀가루 20g

① 3분 정도 데친 두부를 키친타월이나 면포에 싸서 칼로 으깨면서 수분을 제거해요.

② 시금치, 당근, 비트 큐브를 미리 해동해요. 만약 큐브가 없다면 생채소를 다져서 사용해도 괜찮아요.

③ 수분을 제거한 두부를 3등분으로 잘라서 각각의 채소 큐브와 쌀가루를 넣고 손으로 치대요. 쌀가루는 반죽의 수분에 따라 조절해요.

④ 반죽을 동그랗게 빚어요.

⑤ 찜기에 15분 정도 쪄요.

TIP

두부볼을 실패하는 원인은 대부분 수분 때문이에요. 키친타월이나 면포로 수분을 제거할 때 두부를 으깨면서 안쪽까지 수분을 잘 제거해주세요.

TIP

아기의 취향에 따라 찜기, 에어프라이어를 이용해보세요. 찜기로 만든 두부볼은 촉촉하고 에어프라이어로 만든 것은 겉이 조금 단단해요. 에어프라이어마다 조금씩 다르지만 170도 예열 후 10분, 뒤집어서 7분 정도 익혀주면 돼요.

TIP

비트, 브로콜리, 당근, 적채, 단호박, 시금치 등 색이 예쁜 채소를 사용해서 만들면 알록달록 예쁘게 만들 수 있어요.

TIP

완성한 두부볼은 냉동 보관했다가 미리 냉장실에 옮겨두고 전자레인지에 데워서 줄 수 있어요.

달걀

달걀은 유아식의 꽃이에요. 활용법도 다양하고, 아기들이 참 잘 먹어요. 간단하게 달걀프라이를 하거나 삶기만 해줘도 잘 먹는 마법의 재료랍니다.

달걀은 일주일에 2개 정도 먹으면 영양분이 충분히 공급된다고 해요. 그렇다고 하루 달걀 섭취 상한선이 정해진 것은 아니므로 일주일에 2개를 넘기면 안 된다는 스트레스는 받지 마세요. 다만 다양한 영양 섭취를 위해 달걀이 포함된 밥머핀 같은 레시피를 시도한다면, 반찬은 달걀이 들어가지 않은 다른 식단을 꾸려주는 것이 더 좋겠죠?

달걀찜

유아식으로 가장 많이 활용되는 반찬 중 하나예요. 익숙해지면 양파, 당근, 쪽파 등을 넣어 달걀찜을 할 수 있어요.

전자레인지를 이용하면 더 간단해서 자주 만들 수 있어요. 전자레인지로도 해보고 찜기로도 만들어봤더니 차이가 있었어요. 전자레인지는 간편하게 뚝딱 만들 수 있지만 찜기보다는 덜 부드럽고 식감이 그렇게 좋지 않았어요. 한 번씩 만들어보고 입맛에 맞는 방법을 선택하세요.

🍲 재료

○ 달걀 1개
○ 물 30mL

① 체에 걸러서 알끈을 제거해요.

② 내열 용기 또는 실리콘 용기에 달걀
과 물을 섞어 넣어요.

③ 용기에 랩을 씌우고 구멍을 뚫은
뒤, 찜기에 2~3분 정도 익히다가 약
불로 10분 정도 더 익혀요.

④ 젓가락으로 찔렀을 때 달걀물이 나
온다면 조금 더 익힌 뒤 용기에 담
아 보관해요.

🎟 TIP

아기가 돌이 지나서 우유를 먹을 수 있다면 물과 우유를 반
반씩 넣어주면 더 고소하고 맛있어요. 연두부를 넣으면 연
두부달걀찜이 됩니다.

🎟 TIP

달걀찜이나 스크램블은 부드러운 만큼 살짝 덜 익을 수 있
어서 돌이 지난 아기에게 주는 것을 추천해요.

🎟 TIP

전자레인지를 이용한다면 1분씩 나눠서 세 번 돌려주세
요. 한 번에 3분을 돌리면 가끔 달걀찜이 터지는데요, 실
온에 꺼내둔 달걀을 사용하면 덜 터져요. 하지만 전자레인
지에 익히는 것보다 찌는 것이 더 부드럽고 맛있어요.

달걀스크램블

달걀스크램블은 부드럽고 입에서 살살 녹는 것이 특징이지만 잘 안 익을 수 있어서 달걀찜과 마찬가지로 돌 전 아기에게는 추천하지 않아요. 제대로 된 스크램블은 촉촉하게 마무리되지만 돌 전 아기에게는 완전히 익힌 달걀프라이 같은 스크램블을 해주세요. 약간 덜 부드럽지만 더 안전하답니다.

친정이나 시댁에 가서도 딱히 아기들이 먹을 반찬이 없으면 달걀을 넣고 휘저어서 스크램블을 뚝딱 만들어주곤 해요. 간단하고 별것 없지만 우리 첫째 하율이 최애 반찬이에요.

🍲 재료

○ 달걀 1개
○ 우유 또는 물 20mL

① 달걀과 우유를 넣고 잘 섞어요. 돌이 지나지 않았다면 우유 대신 물을 넣어요.

② 예열된 팬에 달걀물을 부어요. 예열을 하면 기름 없이도 스크램블을 만들 수 있어요.

③ 약불에 은근히 익히면서 천천히 저어요.

④ 용기에 담아 보관해요.

📗 TIP

달걀스크램블을 완전히 익기 전에 아주 천천히 저어주면 뷔페에서 먹을 수 있는 부드럽고 폭신한 스크램블이 돼요.

📗 TIP

시간이 없다면 달걀물을 풀지 않고 바로 프라이팬에 달걀을 깨서 스파출라나 나무젓가락으로 빠르게 휘저으며 스크램블을 만들어도 돼요. 흰색과 노란색이 섞여 얼룩덜룩하지만 맛은 비슷하고, 완전히 익히면 돌 전에도 먹일 수 있어요.

달걀말이

요리 초보라 여태까지는 달걀스크램블이나 달걀프라이만 해 먹었어요. 그런데 두 아이를 키우면서 처음 달걀말이를 해보게 됐어요. 처음에는 실패하고 또 실패했답니다. 다들 가장 쉬운 요리라고 하는데도 저에게는 너무 어려웠어요. 하지만 수많은 연습 끝에 저만의 달걀말이 성공 비법을 알아냈어요. 바로 약불과 적은 기름 그리고 인내심이었어요.

🍲 재료

○ 달걀 2개
○ 물 1큰술   ○ 식용유 소량

① 달걀을 풀고 물을 넣어요.

② 팬에 키친타월로 식용유를 묻혀 예열한 후 약불에서 달걀물을 조금만 부어요.

③ 끝이 살짝 일어나면 한쪽을 말고 빈 부분에 남은 달걀물을 부어 연결해요.

④ 다시 한쪽을 말고 빈 부분에 달걀물을 부어가며 말아요.

⑤ 적당한 두께로 썰어요.

⬛ TIP

체에 걸러 알끈을 제거하면 더 깔끔하게 만들 수 있어요

⬛ TIP

먼저 아무것도 넣지 않은 달걀말이를 만들어보고 아기가 잘 먹으면 당근, 애호박, 브로콜리, 치즈 등을 활용해서 다양한 레시피로 만들어주세요. 처음부터 입자가 큰 재료를 넣으면 아기가 거부할 수 있으니, 달걀말이에 넣는 입자는 평소에 먹던 입자보다 훨씬 작게 다져서 넣어주세요.

⬛ TIP

대량으로 만들 때는 체에 거르는 것보다 핸드블렌더로 가는 게 편해요. 대신 거품이 생기는데, 거품은 채로 떠서 거두고 종이호일로 살짝 누르면 거품은 거의 없어져요.

⬛ TIP

달걀말이는 안쪽이 살짝 덜 익을 수 있어요. 그래서 초기 이유식에는 달걀지단을 많이 활용하고 달걀찜과 달걀스크램블, 달걀말이는 돌 이후에 해주거나 완전히 익혀서 만들어주세요.

토마토달걀볶음

일명 '토달볶'으로 불리는 토마토달걀볶음은 만드는 법이 간단하고 아기들이 잘 먹는다고 해서 저도 자신
감을 가지고 시도했는데 실패했어요. 지율이가 인상을 쓰더니 먹지 않더라고요. 제가 먹어봐도 너무 시큼
하고 맛이 없었어요. 사실 저는 새콤해서 토마토를 좋아하지 않아요. 그런데 아기마저 싫어하게 될까 봐 여
러 번 만들어봤어요. 그 결과 이렇게 토마토달걀볶음으로 만들었을 때 아기가 가장 잘 먹었고 저 또한 맛있
었어요. 설탕 빠진 케첩이 이런 맛이겠구나 싶더라고요. 아기가 돌이 지났다면 달걀물에 우유를 살짝 넣어
보세요. 정말 부드러워서 맛있어요.

🍲 재료

- 달걀 2개
- 양파 30g
- 토마토 1개 또는 방울토마토 5개
- 버터 소량(정제 버터인 기 버터를 추천해요.)

① 달걀을 체에 걸러 알끈을 제거해요.

② 토마토는 십자로 칼집을 내주고 뜨거운 물에 1분 정도 담가요. 데치는 것도 좋아요.

③ 껍질을 벗겨요. 껍질을 벗기지 않으면 아기 입에 걸리는 것이 있어서 뱉을 수 있어요.

④ 아기가 먹을 만한 크기로 잘라요. 껍질을 벗긴 토마토는 미끄러우니 조심해서 잘라요.

⑤ 팬에 버터를 두르고 양파를 볶아요. 완전히 안 익으면 매울 수 있으니 먼저 볶아요. 양파 큐브를 사용한다면 먼저 볶지 않아도 돼요.

⑥ 볶은 양파를 팬의 한쪽으로 밀고 약불로 바꾼 다음, 반대편에 달걀물을 부어서 천천히 스파출라로 휘저어 달걀스크램블을 만들어요.

⑦ 팬의 한쪽에 양파와 스크램블을 몰아두고 반대쪽에서 토마토를 익히다가 섞어요.

> **TIP**
>
> 두부를 같이 볶으면 아침 대용으로도 충분한 한 끼가 되니 유아식으로 넘어가면 아침 식사로 활용하기도 좋아요.

> **TIP**
>
> 토마토에는 라이코펜이라는 이로운 성분이 있는데 과육보다 껍질에 더 많이 들어 있어요. 그래서 아기가 거부하지 않는다면 껍질째 잘게 다지는 것이 좋아요. 라이코펜은 기름에 볶았을 때 흡수가 잘돼요.

채소 반찬

냉동실에 있는 큐브를 활용해서 다양한 반찬을 만들 수 있어요. 예를 들어 소고기와 시금치를 같이 넣고 한 번 살짝 볶아주면 간단하게 소고기시금치볶음이 된답니다. 이런 식으로 토핑을 활용해 반찬을 만들어주세요. 아기가 돌이 지났고 살짝 간을 하고 싶다면 아주 약간의 된장, 간장, 소금도 활용해보고 마늘과 참기름도 사용할 수 있어요. 예를 몇 개 들어볼 테니 응용해서 다양하게 만들어보세요.

반찬을 만들 때 냉동실에 있는 큐브를 사용하기도 하고 그때그때 생채소와 생고기를 쓰기도 해요. 하지만 수분 때문에 큐브로 만들기 전과 후의 재료는 양이 꽤 차이가 난답니다. 예를 들면 큐브를 만들기 전 소고기(생고기) 100g은 익힌 소고기 65g 정도 돼요. mL 단위를 사용하는 큐브로 따지면 110mL 정도 돼요. 하지만 이걸 다 신경 쓰면 만들기 너무 복잡하고 힘들어요.

저는 아기가 먹어야 하는 고기의 양 정도만 지켜줬어요. 생고기 기준으로 아기가 먹어야 하는 최소 고기양만 생각하고 그 외의 큐브나 채소는 자유롭게 넣었어요. 이를테면 중·후기 아기에게 소고기가지볶음을 3일 치 만들어줬다면 생고기를 적어도 75g 이상을 넣어 하루에 고기 25g(생고기 기준)은 먹을 수 있도록 했답니다. 익힌 소고기 큐브를 사용했다면 약 50g 정도면 돼요.

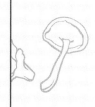

채소볶음

자주 쓰는 채소를 미리 볶아두면 사용하기가 편해요. 저는 주로 애호박, 양파, 당근 등을 볶아두는 편이에요. 채소만 볶아도 되고 소고기와 함께 볶아 냉동해뒀다가 다양하게 쓸 수 있어요. 이를테면 다음에 나올 밥전에도 사용할 수 있고, 다진 후 밥과 뭉쳐서 밥볼을 만들 수도 있어요. 볶음밥도 한 번에 뚝딱 만들 수 있죠. 고기 완자를 만들 때도 쓸 수 있어요.

　채소는 식용유 없이 물을 넣고 볶아 얼리면 돼요. 저는 소고기를 넣기도 하고 채소만 볶기도 하는데, 여기에서는 소고기와 함께 볶는 것을 보여드릴게요.

🍲 재료

○ 당근, 애호박, 양파 등 채소 각 30g
○ 소고기(생고기) 30g
○ 물(채수) 200mL

① 소고기와 채소를 다져요.

② 예열된 팬에 소고기와 채소, 물 100mL를 넣고 중불에서 볶아요.

③ 다시 물을 100mL 넣고 졸아들 때까지 볶으면 완성이에요.

📑 TIP

채소 큐브를 넣어 반죽을 해야 하는 요리에는 큐브에서 나오는 물을 꼭 버려주세요.

시금치나물

이번에 소개하는 시금치나물 만드는 법은 청경채, 콩나물, 숙주로 반찬을 만들 때도 똑같이 적용하면 돼요. 자주 쓰는 나물은 큐브 만들듯이 익혀서 냉동실에 얼려뒀다가 전달 냉장실로 옮긴 후에 무쳐주기만 하면 돼서 간단해요.

나물은 남으면 엄마가 먹을 수 있으니 항상 모자라지 않게 넉넉하게 만들었어요. 엄마·아빠가 먹을 시금치나물을 만들면서 아기용만 따로 무쳐주면 굳이 큐브를 만들 필요는 없어요. 저는 하율이와 지율이가 같이 먹을 거라 넉넉하게 만들었어요.

🍲 재료

- ○ 시금치 큐브 30mL 5개
- ○ 다진 마늘 1/2작은술
- ○ 소금 소량
- ○ 참기름 1작은술

① 시금치 큐브를 꺼내 해동해요.

② 아주 소량의 소금과 다진 마늘 그리고 참기름을 넣고 무쳐요.

③ 용기에 담아 냉장 보관해요.

TIP

간을 안 하는 아기는 마늘과 참기름만 넣어도 돼요. 마늘을 넣을 때 그 위에 참기름을 뿌려주면 마늘의 아린 맛이 중화돼요.

TIP

시금치 큐브는 나물로 무치기도 좋고, 시금치된장국을 만들 때도 활용할 수 있어요.

소고기청경채양파볶음

소고기청경채양파볶음은 하율이 이유식을 할 때 처음 만들었던 반찬이에요. 하율이가 돌 무렵, 조리원 동기 엄마가 청경채와 된장을 무쳐서 가지고 왔는데 아기가 생각보다 잘 먹어서 신기했거든요. 하율이가 잘 먹었던 기억이 있어서 지율이는 청경채만 따로 무쳐주기도 하고, 소고기를 넣어서 볶아주기도 했어요.

　모든 반찬을 만들 때 양파는 아릴 수 있어서 항상 먼저 볶았어요. 청경채 큐브를 활용하려면 청경채를 적당하게 다지고 살짝 찌거나 데쳐서 냉동해둔 것을 사용하세요. 중·후기 이유식처럼 찜기에 푹 쪄버려서 식감이 사라지면 안 되니까요.

🥘 재료

- 익힌 소고기 큐브 50mL 1개(30g)
- 양파 큐브 20mL 1개 또는 양파 30g
- 참기름 소량
- 청경채 큐브 30mL 1개 또는 청경채 60g
- 물(채수) 100mL

① 청경채는 칼로 잘라요. 줄기는 익혀도 숨이 잘 죽지 않아 아기가 먹을 수 있는 크기로 작게 잘라요.

② 예열된 팬에 소고기 큐브와 양파 큐브, 물을 넣고 볶아요.

③ 물이 반쯤 증발하면 청경채 큐브를 넣고 볶으면서 졸여요.

④ 청경채가 완전히 익으면 불을 끄고 참기름 1작은술을 넣어요.

⑤ 용기에 담아 냉장 보관해요.

> **TIP**
>
> 참기름은 발연점이 낮으니 불을 끄고 넣어서 섞어주세요.

> **TIP**
>
> 소고기 큐브 대신 생고기를 사용할 경우 생고기 먼저 넣고 볶아주세요.

소고기양파가지볶음

돌이 지나도 소고기를 먹이는 게 중요하다고 생각해서 소고기가 들어가는 반찬을 주로 해줬어요. 그중 하나는 소고기양파가지볶음이에요. 저는 가지를 참 좋아하는데 많은 사람이 가지를 싫어하더라고요. 무른 식감 때문인 것 같아요. 우리 아기들은 가지를 좋아하고 잘 먹었으면 하는 마음에 반찬으로 자주 줬어요.

소고기는 바로 꺼내서 토핑으로 줄 것이 아니라면 이제는 생고기 그대로 얼려도 돼요. 어차피 조리해서 쓸 거라 굳이 익혀놓지 않아도 괜찮아요. 생고기는 큐브에 소분해서 그 상태로 냉동하고 조리할 때 꺼내 쓰면 돼요.

🍲 재료

- 익힌 소고기 큐브 50mL 1개(30g)
- 가지 50g
- 참기름 1작은술
- 양파 50g
- 물(채수) 200mL

① 양파와 가지는 큐브 형태로 자르고 익혀서 냉동해둔 소고기 큐브를 하나 꺼내요.

② 양파, 가지와 물 100mL를 넣고 볶아요.

③ 물이 졸아들면 소고기 큐브와 나머지 물을 넣고 볶아요.

④ 완전히 익으면 불을 끄고 참기름을 넣어요.

> **TIP**
>
> 불은 중약불로 뭉근하게 익혀야 양파의 매운맛이나 쓴맛이 날아가요. 양파는 엄마가 먼저 꼭 먹어보세요.

> **TIP**
>
> 소고기 큐브 50mL(30g)는 다진 생고기 45~50g이에요. 3일에 나눠 먹이면 하루에 생고기 기준 소고기 15g 정도씩 먹이는 셈이에요.

> **TIP**
>
> 매번 큐브가 있는 것은 아니기 때문에 생채소를 사용하기도 해요. 특히 가지나 양파는 큐브로 사용하는 것보다 생채소를 사용하는 게 식감이 더 좋아요.

> **TIP**
>
> 익히지 않은 다진 소고기를 사용할 때는 소고기를 먼저 볶은 후에 채소를 넣고 볶아주면 된답니다.

> **TIP**
>
> 참기름은 발연점이 낮으니 불을 끄고 넣어서 섞어주세요.

버섯파프리카볶음

지율이는 파프리카를 별로 좋아하지 않았어요. 그래서 버섯하고 같이 볶아서 주면 단독으로 파프리카만 줄 때보다 더 잘 먹었어요.

　버섯은 다양하게 쪄서 한 번에 다지거나 종류별로 다져서 항상 냉동실에 쟁여서 이렇게 볶음 요리에 사용하거나, 단독 큐브로 먹어도 좋아요.

🍲 재료

- ○ 버섯 큐브 30mL 3개
- ○ 참기름 1작은술
- ○ 파프리카 100g
- ○ 버섯 육수 200mL(물도 가능)

① 파프리카는 칼로 잘게 썰어요.

② 팬에 버섯 큐브, 파프리카와 물을 넣고 확 끓어오르면 중약불에서 5분 정도 볶아요.

③ 물이 졸아들 때까지 잘 저으며 볶아요.

④ 불을 끈 뒤 참기름을 넣어요.

⑤ 용기에 담아 보관해요.

📑 TIP

완료기가 되면 파프리카는 과일처럼 생으로 주는 일이 많아져 큐브로 만들지 않게 됐어요. 그래서 버섯 큐브만 꺼내 쓰고 파프리카는 냉장고에서 꺼내서 바로 썰어 넣었어요. 파프리카는 큐브를 사용하면 식감이 거의 사라져요. 다지기로 다진 버섯의 입자는 작지만 파프리카로 맞췄어요.

📑 TIP

참기름은 발연점이 낮으니 불을 끄고 넣어서 섞어주세요.

애호박밥새우볶음

애호박은 제가 제일 좋아하는 채소 중 하나예요. 그래서 하율이와 지율이도 잘 먹어줬으면 하는 마음에 반찬으로 자주 내놓았어요. 하지만 밥새우는 조금 짠맛이 나기 때문에 무염 이유식에는 사용하지 않고 돌 이후에 소량씩 노출시켰어요.

　당근과 양파가 없다면 밥새우와 애호박만 볶아도 맛있어요.

🍲 재료

- ○ 애호박 1/2개(125g)
- ○ 당근 30g
- ○ 양파 20g
- ○ 밥새우 1작은술
- ○ 물 200mL

① 아기가 먹기 좋게 애호박은 6등분으로 자르고 당근과 양파는 채썰어요.

② 예열된 팬에 물 100mL를 넣고 당근과 양파를 2분 정도 볶아요.

③ 애호박을 넣고 볶다가 물이 졸면 다시 물 100mL를 더 넣어요.

④ 물이 완전히 졸아들기 전에 밥새우를 1작은술 가득 넣어요.

⑤ 다시 물이 졸면 불을 끄고 참기름을 약간 넣어서 섞어요.

⑥ 용기에 담아 보관해요.

TIP

밥새우가 들어가면 음식에서 짠맛이 나요. 물에 한 번 끓여 짠기를 조금 뺄 수는 있는데, 저는 그냥 양을 줄여서 볶았어요.

TIP

밥새우는 달걀찜이나 볶음밥, 주먹밥, 아욱새우국 등 다양한 곳에 사용할 수 있어요. 아기가 밥새우에 익숙해지면 유아식 때 좋아요.

TIP

아기에 따라 마늘, 참기름을 넣거나 물이 아닌 식용유로 볶아 조리해줄 수 있어요. 재료가 없다면 애호박과 밥새우만 넣어도 맛있어요.

TIP

참기름은 발연점이 낮으니 불을 끄고 넣어서 섞어주세요.

소고기무볶음

지율이가 무를 정말 좋아해요. 당근과 무는 익히면 달큰해서 아기들이 토핑으로 잘 먹는 편이거든요. 그래서 무와 소고기를 먹이려고 만들어봤어요. 소고기무볶음은 만들기 간편하면서도 맛있어요. 이미 만들어둔 익힌 소고기 큐브를 사용해도 되고, 다진 생고기를 볶아주면 살짝 기름지지만 감칠맛이 더 좋아요.

🍲 **재료** (200mL 용기 1개 반)

○ 다진 소고기(생고기) 100g
○ 무 100~150g
○ 물 200mL

① 무는 아기가 먹기 좋게 잘라요. 채 칼로 썰어도 좋아요.

② 소고기를 먼저 볶아요.

③ 소고기가 익으면 채썬 무와 물을 같이 넣고 끓여요.

④ 확 끓어오르면 약불로 낮추고 물을 졸여가며 볶아요.

⑤ 용기에 담아 보관해요.

TIP

익힌 소고기 큐브를 사용한다면 처음부터 무와 같이 넣고 볶아도 괜찮아요.

TIP

생고기 100g은 익힌 소고기 큐브 약 65g이에요.

TIP

여기에 물을 더 넣고 끓이면 아기용 소고기뭇국이 돼요. 간을 하는 아기는 소금이나 간장을 조금 넣어도 좋아요.

간식

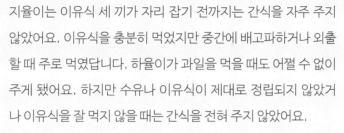

지율이는 이유식 세 끼가 자리 잡기 전까지는 간식을 자주 주지 않았어요. 이유식을 충분히 먹었지만 중간에 배고파하거나 외출할 때 주로 먹였답니다. 하율이가 과일을 먹을 때도 어쩔 수 없이 주게 됐어요. 하지만 수유나 이유식이 제대로 정립되지 않았거나 이유식을 잘 먹지 않을 때는 간식을 전혀 주지 않았어요.

이유식을 세 끼 먹이면서 수유량을 유지해야 하다 보니 세 끼 이유식을 시작한 이후로는 수유가 간식이 되는 일도 많아졌답니다. 그래서 저는 매번 간식을 만들지는 않았고 대부분 생과일을 주거나 채소 큐브(당근, 무 등)를 핑거푸드 간식 대용으로 줬어요.

과일은 주스나 즙으로 주는 것보다 생과일을 주는 것이 좋다고 생각해서 과일을 통째로 줬지만, 달콤한 과일을 너무 많이 먹으면 설탕을 먹는 것과 다를 바 없다는 생각에 제한은 했어요.

치즈 역시 무염 이유식을 하는 지율이에게는 나트륨이 과도한 것 같아 주지 않았어요. 하지만 색다른 재료로 아기의 입을 즐겁게 해주고 싶다면 지금부터 소개하는 레시피를 활용해보세요.

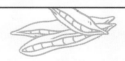

분유빵

달걀 흰자를 먹지 못하는 아기도 먹을 수 있는 간식이에요. 분유를 너무 싫어하거나 수유량이 너무 떨어져서 걱정된다면 분유빵을 간식으로 줘보세요. 모양이 예쁘지 않아도 괜찮아요. 이 시기에는 어차피 손으로 집어서 입으로 가져가는 과정에 다 부숴지고 떨어지거든요.

   분유빵은 용기에 따라 모양을 낼 수 있어요. 사각 내열 용기를 이용해서 만들고 자르면 위 사진처럼 되고, 동그란 용기를 활용하면 피자 조각처럼 만들어줄 수도 있어요.

🍲 재료

- 달걀(노른자) 1개
- 분유 28g(분유 200mL 만드는 양, 분유 전용 숟가락 5개)
- 물 20mL

① 재료를 모두 넣고 섞어요.

② 내열 용기에 넣고, 구멍을 뚫은 랩을 씌우거나 뚜껑을 덮고 전자레인지에 1분 30초~2분 정도 돌려요.

③ 아기가 집어먹을 수 있는 크기로 잘라요.

TIP

농도를 걸쭉하게 해서 전자레인지에 오래 돌리면 분유빵이 단단해지고, 묽게 해서 조금 돌리면 부드러워요. 아기 월령에 따라 레시피를 조금씩 바꿔가면서 만들어보세요. 고구마, 바나나, 단호박을 넣어 만들면 더 맛있어요.

TIP

무전분 분유를 사용하면 빵이 만들어지지 않아요.

TIP

가끔 분유빵을 만들다가 전자레인지 안에서 반죽이 넘쳐 흐르는 경우가 있는데 달걀을 냉장고에서 꺼내자마자 만들면 그럴 때가 많아요. 달걀을 실온에 꺼내두든지 따뜻한 물로 반죽을 실온과 비슷한 온도로 맞춰보세요.

TIP

전자레인지마다 출력이 다르니 중간에 꺼내서 젓가락으로 찔러보세요. 묻어나는 것이 없으면 다 익은 거예요.

바나나찐빵

가장 기본이 되는 찐빵이에요. 이 레시피를 응용하면 다양한 간식을 만들 수 있어요. 사과 퓌레를 넣기도 하고 당근이나 비트를 넣으면 색깔이 예쁘고 맛있어요. 단호박, 시금치와 같이 우리가 썼던 큐브 재료를 같이 갈아 넣으면 알록달록하고 다양한 색의 더 맛있는 찐빵이 돼요. 간단하게 만들어두고 전자레인지에 데우면 편하게 간식을 먹일 수 있어요.

죽이 아닌 반죽이나 빵류에 들어가는 모든 쌀가루는 초기용 고운 쌀가루를 사용해야 해요.

🍲 재료

○ 바나나 100g
○ 달걀 1개
○ 쌀가루 30g

 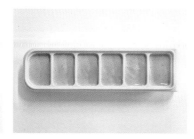 

① 재료를 모두 넣고 핸드블렌더로 갈아요.

② 실리콘 큐브틀에 넣고 전자레인지에 2분~2분 30초 정도 돌려요. 포크로 찔렀을 때 반죽이 묻어나면 30초 더 돌려요.

③ 큐브틀에서 꺼내요.

📑 TIP

밀가루를 같이 섞어주면 조금 더 부드럽기도 하고 밀가루를 노출시키기 편해요. 만약 아기가 흰자를 못 먹는다면 노른자 양을 늘려서 넣어주면 돼요.

📑 TIP

먹일 때 전자레인지에 살짝 데워주면 다시 말랑해져요. 식감 때문에 아기가 잘 못 먹는다면 쌀가루를 줄여서 만들어보세요. 더 부드러워져요.

오트밀바나나팬케이크

돌이 지나고 완료기쯤 되니까 아침 대용으로 종종 먹던 오트밀을 거부하기 시작했어요. 죽 같은 질감이 싫어진 거예요. 오트밀을 어떻게 하면 먹일 수 있을까 고민하다 팬케이크로 만들어서 줬어요. 처음에는 만들기 어려울 줄 알고 겁먹었는데 막상 해보니 생각보다 쉬웠어요. 동그랗게 만드는 건 전용팬이 없어도 할 수 있더라고요.

　나중에 아기가 커도 과일이나 메이플 시럽을 같이 곁들여주면 유아 간식으로도 좋을 것 같아요.

🍲 재료 (손바닥만 한 크기 6개)

- 바나나 100g
- 달걀 1개
- 우유 또는 분유물 30mL
- 오트밀 가루 30g
- 식용유 소량

① 오트밀 가루와 바나나, 달걀을 넣고 우유로 되기를 조절하며 핸드블렌더로 갈아요. 되기는 숟가락으로 뜨면 또르르르 떨어질 정도여야 해요.

② 키친타월로 팬에 식용유를 바르고 약불로 예열한 후 국자로 떠서 20~30cm 정도 위에서 떨어뜨려요.

③ 2~3분 정도 익힌 후 뒤집어서 1분 더 익혀요.

④ 바로 먹어도 좋고 냉장, 냉동 보관 후 전자레인지에 돌려도 돼요.

🏷 TIP

오트밀을 핸드블렌더로 갈면 오트밀 가루가 돼요. 오트밀이 없다면 밀가루, 쌀가루를 사용해도 된답니다.

🏷 TIP

반죽을 떠서 올릴 때 작은 국자를 사용하면 일정한 크기로 만들 수 있어요. 20~30cm 정도 위에서 반죽을 떨어뜨리면 동그란 모양이 더 예쁘게 나와요.

🏷 TIP

요거트, 블루베리 등 토핑을 활용하면 다양한 간식으로 먹일 수 있어요.

사과머핀

모양도 예쁘고 맛도 좋아서 아이 어른 할 것 없이 누구나 좋아하는 간식이에요. 이 책의 사진 촬영을 위해
스튜디오에 갔을 때도 사람들에게 인기가 많았답니다. 집에 있는 퓌레로 간단하게 활용할 수 있고 응용해
서 다른 머핀들도 만들어볼 수 있어요. 저는 사과를 잘라 넣어서 식감이 느껴지는 게 더 맛있어요.

🍲 재료

○ 사과 또는 사과 퓌레 100g ○ 달걀 1개
○ 쌀가루 10g   ○ 밀가루 20g

① 사과 퓌레와 모든 재료를 넣고 쌀 가루가 보이지 않을 때까지 잘 섞어요. 퓌레 대신 사과를 사용한다면 사과를 잘게 다져요.

② 머핀틀에 1/2~2/3 정도까지 담아요. 머핀틀이 없다면 실리콘 큐브틀을 써도 돼요.

③ 예열한 에어프라이어 180도에서 15분 정도 구워요.

> **TIP** 사과 vs. 사과 퓌레

사과는 폭신하면서 씹는 식감이 재밌어요. 퓌레를 넣으면 더 부드럽고 폭신한 분유빵 같은 느낌이 나요. 달걀에 알레르기가 없다면 초기에도 줄 수 있는 간식이에요. 초기에는 부드러운 퓌레를, 중·후기부터는 사과를 잘라 넣어보세요.

> **TIP**

가루는 밀가루, 쌀가루, 오트밀 가루, 아몬드 가루 등 다양하게 조합해도 맛있어요.

블루베리요거트

바쁠 때 간단하게 내어줄 수 있는 최고의 간식이에요. 새콤한 요거트는 대부분의 아기가 좋아해요. 여기에 다 블루베리까지 얹어주면 맛있다고 식판을 탕탕 내려치면서 좋아할 거에요. 지율이는 '으흐음~'이라며 몸을 좌우로 흔들면서 온몸으로 맛있다는 표현을 했어요.

　요거트는 시중에 판매하는 아무것도 들어 있지 않은 플레인 요거트를 구입해서 사용해도 되고, 41쪽에서 알려드린 요거트 만드는 법을 참고해서 만들어두셔도 돼요.

- 요거트 80g
- 블루베리 5알

① 요거트를 용기에 담아요.

② 블루베리를 아기가 먹기 좋게 다져서 올려요.

TIP

지율이는 돌 전에 블루베리를 손으로 집어서 꼭꼭 씹어 먹었기 때문에 다지지 않고 통째로 얹어줬어요. 포도처럼 미끄럽지 않아 목에 걸린 적은 없었어요.

TIP

냉동 블루베리를 사용해도 좋아요. 오히려 안토시아닌의 농도가 높아져요. 블루베리를 많이 먹으면 검은색 변을 볼 수 있고, 설사할 수 있으므로 돌 전 아기는 하루에 5알 내외로 먹이는 게 좋을 것 같아요.

아보카도바나나스무디

아보카도바나나스무디는 하율이 7개월 때 처음으로 맛보여준 간식이에요. 분유물과 아보카도를 넣은 뒤
바나나로 되기 조절을 해주면 돼요. 돌 이후에는 분유물 대신 우유를 사용해서 빨대컵으로 먹었고, 그 전에
는 바나나를 더 많이 넣고 되직하게 만들어 숟가락으로 떠 먹여줬어요.

🍲 재료

○ 아보카도 30g

○ 바나나 30g

○ 분유물 또는 우유 40mL

① 테니스공처럼 말랑해진 아보카도를 한 바퀴 돌려가며 칼집을 내서 반으로 잘라요.

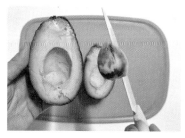

② 칼로 씨를 툭 내리치면 쏙 뽑혀요. 그래도 안 빠지면 칼로 내리친 뒤 살짝 비틀어요.

③ 숟가락으로 긁어서 과육과 껍질을 분리해요.

④ 재료를 모두 넣고 핸드블렌더로 갈아요.

⑤ 아보카도바나나스무디가 완성돼요.

🔖 TIP

숟가락 한 가득이 아보카도 30g, 엄지손가락 길이만큼이 바나나 30g 정도예요.

🔖 TIP

분유물을 적게 넣으면 퓌레, 많이 넣으면 주스가 돼요.

딸기바나나스무디

여름에 우리 아이들이 가장 좋아하는 간식이 뭐냐고 물어본다면 단연코 딸기바나나스무디라고 할 수 있을 것 같아요. 이 간식은 남편도 아주 좋아해서 요새는 한 번 만들 때 1L씩 만들어요. 하율이와 지율이가 200mL씩 먹고 남편과 제가 나머지를 먹는답니다.

우유 안 먹는 아이에게도 좋고, 여름에는 냉동 딸기를 활용하면 얼음을 넣지 않고도 시원한 주스로 마실수 있어서 좋아요.

🍲 **재료** (430mL 정도 나와요. 엄마·아빠도 같이 마셔요.)

○ 딸기 150g
○ 바나나 100g
○ 우유 100~200mL

① 딸기를 깨끗이 씻고 꼭지를 따서 준비해요.

② 재료를 모두 넣고 핸드블렌더로 갈아요.

③ 딸기바나나스무디가 완성돼요.

TIP

우유가 들어 있으니 돌이 지나고 나서 주세요. 우유를 안 먹는 유아 간식으로도 좋아요. 5살 첫째도 여전히 잘 먹어요. 딸기 대신 블루베리나 아보카도를 넣어도 맛있어요.

TIP

우유를 100mL 정도 넣으면 숟가락으로 떠 먹는 질감이 나와요. 200mL 넣으면 빨대컵으로 줄 수 있는 정도가 되는데 그래도 역류 방지가 된 빨대컵은 잘 나오지 않을 수 있어요. 그럴 때는 대롱을 빼주면 돼요.

TIP

저는 주로 냉동 딸기를 사용하는데 여름이 아닌 계절에는 스무디가 너무 차가워서 미리 해동하거나 우유를 살짝 데워요.

유아식 시작 전에
알아두세요

6개월간 이유식을 진행하느라 정말 고생하셨어요. 이유식을 완주하면 그렇게 뿌듯하더라고요. '이제부터 유아식을 해야 하나?' 하고 생각할 수 있는데 이유식의 초기, 중기, 후기를 명확하게 구분하지 않는 것처럼, 완료기 이유식과 유아식도 정확히 구분하지는 않아요. 간을 조금씩 할지 말지는 엄마의 선택이에요.

18개월의 지율이는 아직도 토핑을 그대로 내놓기도 하고 반찬을 만들어주기도 하면서 유아식을 하고 있어요. 때로는 엄마·아빠 반찬을 만들 때 같이 만들곤 해요. 이를테면 콩나물국을 끓일 때 육수에 콩나물을 넣어 한 소끔 끓인 뒤 파를 넣은 후에 그대로 건져서 지율이 국으로 내놓아요. 국을 안 먹는 날은 콩나물만 건져서 약간의 소금과 참기름으로 무쳐줘요. 그리고 나머지 국에 간을 해서 엄마·아빠 그리고 5살 누나까지 먹는답니다.

얼마 전에는 카레를 만들어 온 가족이 먹었어요. 우선 양파를 한참 볶아 단맛을 내고, 나머지 재료와 육수를 넣어 푹 끓였어요. 그런 다음 이유식 냄비에 일부를 옮겨 담고 카레 가루 아주 약간과 우유를 넣고 졸였어요. 밥 위에 얹어주니 하율이와 지율이 모두 참 잘 먹더라고요. 기본적인 반찬은 토핑으로 진행하기도 하지만, 이런 식으로 엄마·아빠의 음식과 조금씩 간극을 줄여나가고 있어요.

토핑 이유식을 한 지율이는 죽 이유식을 한 하율이보다 먹성이 좋고, 새로운 음식에 굉장한 관심을 보여요. 먹기 싫을 때는 도리도리하기도 하지만 일단 먹으려고 시도는 하고 질감과 입자 크기에 거부감이 덜해요. 5살 누나가 있기 때문에 조금씩 간을 하고 있지만, 5살 누나 역시 슴슴한 맛을 좋아하고 채소를 잘 먹는 습관을 들여서 지율이와 비슷하게 먹는답니다.

하율이는 죽 이유식을 먹였지만 무염으로 식습관을 잡았더니 5살인 지금까지도 식감이 아삭한 생파프리카 같은 채소를 제일 좋아하고, 짜장면 같이 소스류가 들어간 음식을 제일 싫어해요. 이제는 좀 먹어도 될 텐데 여전히 좋아하지 않아요. 그래서 지율이랑 비슷하게 밥을 차려줘도 잘 먹어요.

하율이와 지율이는 아이스크림을 좋아해서 집에서 간식으로 먹는 것은 직접 만들어서 줘요. 배도라지즙을 막대기를 꽂아 얼리거나 생망고에 막대기를 꽂아 얼려 망고바를 만들어준답니다. 지율이도 먹을 수 있는 아이스크림이에요. 시중 아이스크림보다 여러 면에서 훨씬 낫고 만들기도 어렵지 않으니 아이가 크면 한번 시도해보세요.

토핑 이유식과 유아식은 큰 차이가 없으니 그대로 하나씩 엄마·아빠의 밥상과 차이를 줄여나가면 돼요. 그래도 마지막으로 알아두면 좋은 이야기를 해볼게요. 꼭 한번 읽어보세요.

푸드 네오포비아

~~~~~~~~

돌 이전 이유식 시기에는 음식의 호불호가 없어서 엄마가 떠먹여주는 이유식을 거부 없이 맛있게 받아먹었다면, 돌 이후에는 아이에게 자아가 형성돼 편식이 시작돼요. 하지만 영유아에게 편식은 당연한 일이랍니다.

영아기가 지난 유아기에는 새로운 식품에 두려움을 느끼는 심리가 생기는데요, 이를 '푸드 네오포비아(food neophobia)'라고 해요. 푸드 네오포비아란, 낯선 음식에 대한 막연한 두려움이 생기는 것을 말하며, 두 돌 이후인 만 2~5세에 가장 두드러지게 나타나요. 음식이 눈앞에 보이면 무조건 입부터 벌리던 이유식 때와는 다르다는 이야기죠. 하지만 거부한다고 음식을 제한하면 안 돼요. 이 시기에 다양한 음식을 경험하지 못하면 편식 성향이 성인까지 이어질 수 있어요.

새로운 재료에 아이가 익숙해질 수 있도록 인내심을 가지고 10~15회 이상 반복적으로 접해줘야 해요. 대신 똑같은 모양으로 주지 말고 그 재료를 다양한 모습으로 보여주는 것이 더 좋아요. 이를테면 당근을 먹지 않는다면 볶음밥, 카레라이스, 전, 김밥 등의 형태로 주고, 좋아하는 그릇에 담아주거나 귀여운 모양으로 만들어주는 것이죠. 단, 당근을 싫어하는 아이에게 당근이 들어 있지 않다고 거짓말하면 안돼요.

유아는 우리보다 맛, 온도, 질감, 눈에 보이는 모양까지 모두 민감하고 예민하게 받아들여요. 우리가 채소에서 느끼지 못하는 쌉싸름한 맛까지 아이는 느낄 수 있어요. 그러니 향이 강한 식재료를 거부한다면 사용하지 마세요. 채소를 싫어한다면 익힌 당근이나 양배추, 콩나물, 시금치 등 쌉싸름한 맛이 덜하고, 익혔을 때 달달한 재료를 사용해보세요.

하율이는 꽤 오랫동안 무염으로 식사를 해서 그런지 입맛이 굉장히 예민하고 순해요. 지금도 간장이 들어간 음식은 잘 먹지 않아요. 불고기조차 싫어해서 양념을 하나도 하지 않은 담백한 음식을 좋아해요. 하율이 역시 푸드 네오포비아를 겪었고 새로운 음식을 굉장히 경계했어요. "이거 한 번 먹어봐"라고 권유하면 바로 표정이 심각하게 변하면서 도리도리 고개를 저었어요. "괜찮아, 먹어보고 맛이 없으면 뱉어도 돼"라고 이야기하니 그제서야 맛만 볼 수 있을 정도로 아주 조금 입에 넣더라고요. 그렇지만 이내 인상을 확 쓰고 뱉어버려요. 제가 봤을 때는 맛을 채 느끼기도 전에 일차적인 거부감으로 그냥 뱉은 것 같았어요. 그래도 포기하지 않고 새로운 음식을 계속 접하게 하면 그중에는 받아들이는 것도 있더라고요.

하율이는 당근과 파프리카를 정말 좋아하는데 익히면 먹지 않아요. 특히 당근은 익히면 단맛이 나고 영양소도 풍부해지는데도 싫어하더라고요. 유아는 대부분 물컹거리는 식감보다는 약간 아삭하고 바삭한 식감을 좋아한다고 해요. 하율이 역시 그런 식감을 좋아해요. 특히 저에게는 아무 맛도 없고 새콤하기만 한 방울토마토와 생파프리카를 최고로 사랑해요. 밥을 잘 먹지 않을 때는 하율이가 좋아하는 음식을 같이 주면 잘 먹는답니다. 아이가 잘 먹지 않는다면 아삭하거나 바삭한 식감을 줄 수 있는 음식을 줘보세요.

푸드 브리지

특정 음식을 거부하고 편식이 너무 심하다면 푸드 브리지(food bridge)를 시도해볼 수 있어요.

푸드 브리지란, 같은 재료를 이용해 단계별로 다양한 음식을 아이에게 접하게 해서 싫어하는 음식을 친근하게 만드는 과정을 말해요. 총 4단계로, 아이가 그 재료에 얼마나 친근해졌는지 반응을 보고 난 뒤에 다음 단계로 넘어갈 수 있어요.

아이들이 가장 흔히 거부하는 당근을 예로 들어볼게요.

∘ 1단계: 당근을 놀잇감으로 활용한다(예: 도장 찍기 놀이).

∘ 2단계: 당근을 갈아서 아예 보이지 않게 제공한다. 잘 먹으면 당근을 잘 먹는다고 칭찬한다. 음식을 같이 만들면 더 좋다.

∘ 3단계: 음식에 당근이 살짝 보이게 한다. 볶음밥이나 찐빵 같은 간식을 만들어준다. 아이가 싫어하지 않도록 당근을 소량만 넣는다.

∘ 4단계: 당근을 먹인다. 얇게 썰어 생당근을 주거나, 전분을 입히고 튀겨 과자처럼 바삭한 부각을 만들어준다.

아이의 편식과 식습관 문제는 하루아침에 해결되는 것이 아니기 때문에 인내심을 가지고 꽤 오랜 시간을 공들여야 해요. 이때 엄마·아빠도 잘 먹는 모습을 보여주는 것이 정말 중요해요. 엄마·아빠가 먹기를 싫어하면 당연히 아이도 싫어해요. 엄마·아빠의 식습관은 아이들이 그대로 보고 배우거든요. 그래서 제가 앞에서 이유식 초기에는 잡곡을 50% 섞을 수 있지만 엄마·아빠도 잡곡밥을 먹어야 한다고 말한 거랍니다. 저희 집은 현재 잡곡을 30% 섞어 엄마·아빠, 하율이, 지율이 모두 같은 밥을 먹고 있어요.

만 1~2세 아이의 한 끼 식사량

그 작은 아이들이 어떻게 이유식을 200mL씩 먹었는지 참 신기해요. 엄마·아빠 밥그릇에 200mL의 이유식을 넣어보면 생각보다 양이 많거든요. 그렇게 잘 먹어와서 그런지 유아식에 들어서 아이가 덜 먹는 모습을 보면 마음이 괜히 서운해지죠.

그런데 만 1~2세의 우리 아이들이 먹는 양이 이유식 때와 비교하면 그렇게 많지 않아요. 유아식은 이유식보다는 수분이 적기 때문이에요. 아이는 하루에 식사 세 끼와 간식 두 끼를 먹게 되는데, 합치면 약 1,000kcal 정도 된답니다. 만 1~2세의 한 끼 식사량을 대략적으로 설명하면 다음과 같아요.

- 밥 90g
- 국 100mL
- 반찬 3개(메추리알 4개, 콩나물 30g, 김치 15g)

그리고 간식의 양은 전체 칼로리의 10~15%로, 하루 100~150kcal 정도 돼요.

- 고구마 65g + 요거트 100mL
- 사과 2쪽 + 우유 200mL

생각보다 적은 편이죠? 아이의 키와 몸무게 등 성장 발달에 따라 요구량이 조금씩 다를 수는 있지만 우리가 생각한 것보다 먹는 양이 적어요.

적당량의 밥을 어떻게 줘야 할지 모르겠다면, 어린이집에서 사용하고 있는 유아용 스테인리스 식판을 구입해보세요. 예쁘지는 않지만, 일일이 저울에 달지 않고 식판에 배식하기만 해도 밥과 반찬을 얼마나 줘야 하는지 감을 잡을 수 있어요.

이유식을 200mL씩 세 번 먹고 간식에 우유까지 먹던 돌 이전의 먹성 좋던 아이는 이제 잊어주세요. 미쉐린처럼 통통하고 살이 접히는 아이가 복스럽고 귀여워 보이지만, 사실은 소아비만의 위험이 있는 모습이라는 사실을 알아야 해요. 그러니 아이가 이유식 시기보다 적게 먹는다고 너무 속상해하지 말고, 최대한 골고루 먹을 수 있도록 도와주세요.

우유는 성장하는 동안 꾸준히

하율이와 지율이 모두 13개월에 분유를 끊고 우유를 먹였어요. 분유를 일찍 끊은 이유는 아이가 밥을 잘 안 먹는 이유가 분유에 들어 있는 과도한 영양분 때문일 수도 있겠다고 생각했기 때문이에요. 이제는 엄마·아빠처럼 하루 세 끼의 식사로 영양분을 섭취해야 해요.

하지만 우유는 영유아기에 꼭 필요한 식품이랍니다. 보통 분유에서 우유로 바로 못 넘어가는 아이들이 킨더밀쉬 같은 대체 음료를 먹으면서 점차 우유에 적응해요. 하지만 아이가 우유를 거부하는 상황이 아니라면 굳이 그럴 필요 없이 그냥 우유를 먹이는 것이 더 좋다고 생각해요.

소아청소년과 의사 선생님이 "이제 돌이 지났으니 우유 먹이세요"라고 하시길래, 초보 엄마였던 저는 어리둥절하면서 "언제까지 몇 mL 먹여야 하나요?"라고 되물었어요. 수유를 계속 해야 한다는 생각에 당황했죠. 그런데 의사 선생님께서는 웃으시면서 "앞으로 계속이요"라고 하셨어요. 우유는 이제 수유의 개념이 아니라 간식이 된 것이었죠.

그렇다면 성장기 아이들에게 우유를 먹여야 할까요? 바로 칼슘 때문이에요. 칼슘은 치즈, 요거트 등 다양한 유제품과 멸치, 뱅어포 등에서도 얻을 수 있지만, 우유가 먹이기도 쉽고 칼슘을 흡수하기도 좋기 때문에 우유를 먹이라고 해요. 그래서 아이에게는 하루에 우유 400~600mL(보통은 400mL 정도 먹으면 되지만 밥을 너무 안 먹으면 600mL까지 줄 수 있다고 소아청소년과 의사 선생님이 말씀해주셨어요.)를 간식으로 주면 돼요. 우유를 잘 먹지 않으면 치즈와 요거트로 칼슘을 채워주세요.

참고로, 우유를 전자레인지에 돌리면 약간의 비타민이 파괴될 수 있으나 우유를 먹는 주된 목적인 칼슘이나 단백질에는 문제가 없으니 편하게 돌리세요. 저는 찬 기운만 빼서 미지근하게 먹였어요.

어떤 기름을 써야 할까요

요즘은 기름을 이유식 초기부터 사용할 수도 있다고 하지만, 기름의 고소한 맛을 일찍 접하면 이유식을 거부할 수 있어서 저는 후기 끝에서 완료기쯤부터 기름을 소량만 사용했어요. 기름에 있는 지방도 아기의 성장 발달에 필요한 영양소이기 때문에 튀김 요리만 아니라면 너무 꺼리지 않아도 돼요. 하지만 어떤 기름을 써야 할지 고민이 많이 되실 거예요. 그래서 제가 기름 고르는 법을 알려드릴게요.

우선 기름은 크게 두 가지로 나눌 수 있어요. 곡물에서 추출하는 기름과 과일에서 추출하는 기름이에요. 저는 비교적 과일에서 추출하는 기름을 사용하길 추천드려요. 그 이유는 기름을 추출하는 방법에 있어요.

곡물은 아무리 압력을 가해도 기름이 잘 추출되지 않기 때문에 헥산이라는 화학 성분을 넣고 기계로 열을 가해 추출해요. 그런데 헥산은 독성을 가진 유해물질로 알려져 있어요. 물론 추출 후에 헥산을 날려버리고 기름만 남긴 상태로 판매하진 하지만 100% 없다고 단정 짓기는 어려워요. 이게 바로 정제유랍니다. 우리가 GMO 식품이라고 걱정하는 콩기름, 카놀라유 등도 정제유에 속하고 이유식에 많이들 사용하는 현미유도 정제유에 속해요. 하지만 정제유가 무조건 나쁘다는 건 아니에요. 열을 가하지 않은 냉온압착 공법을 사용한 곡물 기름은 나쁘지 않아요. 다만 시중에 많이 없을 뿐이죠.

우리가 많이 사용하는 참기름과 들기름 역시 냉온압착으로 방앗간에서 바로 추출한 게 제일 좋고, 사실은 영양적으로는 참기름보다 들기름이 좀 더 좋은 기름이랍니다. 저도 변질이 쉬운 들기름보다 참기름을 쓰는 편이기는 하지만 반드시 불을 끄고 소량만 쓰고 있어요.

그럼 과일은 어떨까요? 대표적으로 아보카도와 올리브로 만든 기름이 있어요. 과일은 자연압착이 가능해요. 열이나 화학 성분 없이도 순수하게 압력만을 가해서 기름을 추출할 수 있기 때문이죠. 이런 것을 조제유 혹은 압착유라고 해요. 그래서 저는 조제유를 사용하고 있어요. 올리브나 아보카도 등 무엇을 사용해도 되지만, 순수 압착유인 '엑스트라 버진'을 반드시 확인하는 게 좋아요. 그 외의 것들은 섞인 기름이기 때문에 순수한 조제유가 아니거든요. 올리브와 아보카도 중에서는 아보카도가 열에 대한 안정성이 조금 더 좋다고 알려져 있지만 저는 일반적으로 달걀프라이 등의 적당한 열을 가하는 곳에 사용하는 기름은 둘 다 괜찮다고 생각해요.

또 하나, 풍미를 위해 버터를 사용할 수도 있는데요, 버터 역시 수분과 유당을 제거해 정제한 '기(ghee) 버터'를 사용하고 있어요. 발연점도 기존 버터에 비해 높답니다.

기름의 발연점은 산패와 연관이 있어요. 발연점이 낮은 기름은 발연점보다 높은 열에 닿으면 빠르게 산패가 일어나요. 열 처리하는 정제유 사용을 꺼리는 이유도 이 때문이에요. 하지만 기름 자체는 공기만 닿아도 산패가 될 수 있으므로 가장 작은 병으로 구입하고, 햇빛이 닿지 않는 공간에 보관하도록 해요.

지금까지 이유식을 만드느라 정말 고생 많으셨어요. 잘 따라오셨다면 앞으로 유아식도 이런 식으로 하면 된다는 걸 느끼실 거예요. 여태까지 해온 것을 바탕으로 유아식까지 잘 하실 거라 믿어요.

마지막으로, 육아에서 먹이는 것이 중요하기는 하지만 육아의 전부는 아니니 편하게 하라고 말씀드리고 싶어요. 우리에겐 언제나 시판 제품이라는 보험이 있으니까요. 너무 스트레스 받지 말고 편한 이유식, 그리고 유아식까지 이어가면서 행복한 육아를 하시길 바랍니다.

한 끼 뚝딱! 맘 편한 토핑 이유식

초판 1쇄 발행 2023년 5월 3일
초판 9쇄 발행 2024년 3월 20일

지은이 율마(오애진)
브랜드 온더페이지
출판 총괄 안대현
책임편집 김효주, 정은솔
편집 이제호
마케팅 김윤성
표지디자인 김지혜
본문디자인 김혜림
스타일링 김도은(studio blend)
촬영 민경욱

발행인 김의현
발행처 (주)사이다경제
출판등록 2021년 7월 8일(제2021-000224호)
주소 서울특별시 강남구 테헤란로33길 13-3, 7층(역삼동)
홈페이지 cidermics.com
이메일 gyeongiloumbooks@gmail.com (출간 문의)
전화 02-2088-1804   **팩스** 02-2088-5813
종이 다올페이퍼   **인쇄** 재영피앤비
ISBN 979-11-92445-32-8 (13590)

큐브 관리표

재료명	만든 날짜	사용기한	만든 양 (g/개수)	사용 시 체크															비고
				1개	2개	3개	4개	5개	6개	7개	8개	9개	10개	11개	12개	13개	14개	15개	

* 큐브를 15개 이상 만들었을 때는 비고란에 작성하세요.

큐브 관리표

재료명	만든 날짜	사용기한	만든 양 (g/개수)	사용 시 처크																비고
				1개	2개	3개	4개	5개	6개	7개	8개	9개	10개	11개	12개	13개	14개	15개	

* 큐브를 15개 이상 만들었을 때는 비고란에 작성하세요.

큐브 관리표

재료명	만든 날짜	사용기한	만든 양 (g/개수)	사용 시 체크																비고
				1개	2개	3개	4개	5개	6개	7개	8개	9개	10개	11개	12개	13개	14개	15개	

* 큐브를 15개 이상 만들었을 때는 비고란에 작성하세요.

큐브 관리표

재료명	만든 날짜	사용기한	만든 양 (g/개수)	사용 시 체크																비고
				1개	2개	3개	4개	5개	6개	7개	8개	9개	10개	11개	12개	13개	14개	15개	

* 큐브를 15개 이상 만들었을 때는 비고란에 작성하세요.

중기 이유식 1단계 식단표

구분		1일차 D-	2일차 D-	3일차 D-	4일차 D-	5일 D-
아침	베이스		오트밀쌀죽(7배죽)			현미
	토핑		소고기, 청경채, 당근		소고기, 양바	
점심	베이스		밀가루쌀죽			오트밀
	토핑		닭고기, 애호박, 브로콜리		닭고기, 브로	
저녁 (세 끼 먹는 아기만)	베이스		오트밀쌀죽			쌀
	토핑		소고기, 양배추, 단호박		달걀(노른자),	
이유식량(먹은 양)		/ /	/ /	/ /	/ /	/
비고						

구분		11일차 D-	12일차 D-	13일차 D-	14일차 D-	15일 D-
아침	베이스		오트밀쌀죽		오트밀쌀죽	
	토핑		소고기, 감자, 브로콜리		소고기, 감자, 오이	
점심	베이스		쌀죽		쌀죽	
	토핑		닭고기, 청경채, 당근		닭고기, 애호박, 브로콜리	
저녁 (세 끼 먹는 아기만)	베이스		현미쌀죽		현미쌀죽	
	토핑		소고기, 두부, 애호박		달걀(노른자), 시금치, 당근	
이유식량(먹은 양)		/ /	/ /	/ /	/ /	/
비고						

구분		21일차 D-	22일차 D-	23일차 D-	24일차 D-	25일 D-
아침	베이스	——————		쌀죽		
	토핑	——————		소고기, 무, 애호박, 브로콜리		
점심	베이스	——————		쌀죽		
	토핑	——————		닭고기, 감자, 당근		
저녁 (세 끼 먹는 아기만)	베이스	——————		오트밀쌀죽		
	토핑	——————		달걀(노른자), 시금치, 당근		
이유식량(먹은 양)		/ /	/ /	/ /	/ /	/
비고						

차	6일 차	7일 차	8일 차	9일 차	10일 차
	D-	D-	D-	D-	D-
쌀죽		오트밀쌀죽			——
추, 단호박		소고기, (두부) 애호박			——
쌀죽		쌀죽			——
콜리, 당근		닭고기, 단호박, 시금치			——
죽		현미쌀죽			——
청경채, 당근		닭고기, 브로콜리, 당근			——
/	/ /	/ /	/ /	/ /	/ /

차	16일 차	17일 차	18일 차	19일 차	20일 차
	D-	D-	D-	D-	D-
	오트밀쌀죽			오트밀쌀죽	
	소고기, (사과) 당근, 청경채			닭고기, (양파) 당근	
	쌀죽			쌀죽	
	닭고기, 감자, 오이			소고기, 단호박, 브로콜리	
	현미쌀죽			현미쌀죽	
	닭고기, 양배추, 당근			두부, 사과, 양배추	
/	/ /	/ /	/ /	/ /	/ /

차	26일 차	27일 차	28일 차	29일 차	30일 차
	D-	D-	D-	D-	D-
	쌀죽		쌀죽		
	소고기, (새송이버섯) 청경채		닭고기, (고구마) 청경채, 당근		
	현미쌀죽		쌀죽		
	닭고기, 단호박, 양파		소고기, 새송이버섯, 양파, 브로콜리		
	쌀죽		오트밀쌀죽		
	두부, 무, 단호박, 브로콜리		달걀(노른자), 시금치, 감자		
/	/ /	/ /	/ /	/ /	/ /

중기 이유식 1단계 식단표

구분		1일차 D-	2일차 D-	3일차 D-	4일차 D-	5일 D-
아침	베이스		오트밀쌀죽(7배죽)			현미
	토핑		소고기, 청경채, 당근		소고기, 양바	
점심	베이스		밀가루쌀죽			오트밀
	토핑		닭고기, 애호박, 브로콜리			닭고기, 브로
저녁 (세 끼 먹는 아기만)	베이스		오트밀쌀죽			쌀
	토핑		소고기, 양배추, 단호박		달걀(노른자),	
이유식량(먹은 양)		/ /	/ /	/ /	/ /	/
비고						

구분		11일차 D-	12일차 D-	13일차 D-	14일차 D-	15일 D-
아침	베이스		오트밀쌀죽		오트밀쌀죽	
	토핑		소고기, 감자, 브로콜리		소고기, 감자, 오이	
점심	베이스		쌀죽		쌀죽	
	토핑		닭고기, 청경채, 당근		닭고기, 애호박, 브로콜리	
저녁 (세 끼 먹는 아기만)	베이스		현미쌀죽		현미쌀죽	
	토핑		소고기, 두부, 애호박		달걀(노른자), 시금치, 당근	
이유식량(먹은 양)		/ /	/ /	/ /	/ /	/
비고						

구분		21일차 D-	22일차 D-	23일차 D-	24일차 D-	25일 D-
아침	베이스			쌀죽		
	토핑			소고기, 무, 애호박, 브로콜리		
점심	베이스			쌀죽		
	토핑			닭고기, 감자, 당근		
저녁 (세 끼 먹는 아기만)	베이스			오트밀쌀죽		
	토핑			달걀(노른자), 시금치, 당근		
이유식량(먹은 양)		/ /	/ /	/ /	/ /	/
비고						

차	6일 차	7일 차	8일 차	9일 차	10일 차
	D-	D-	D-	D-	D-
쌀죽		오트밀쌀죽			
추, 단호박		소고기, 두부 애호박			
쌀죽		쌀죽			
콜리, 당근		닭고기, 단호박, 시금치			
죽		현미쌀죽			
청경채, 당근		닭고기, 브로콜리, 당근			
/	/ /	/ /	/ /	/ /	/ /

차	16일 차	17일 차	18일 차	19일 차	20일 차
	D-	D-	D-	D-	D-
		오트밀쌀죽		오트밀쌀죽	
		소고기, 사과 당근, 청경채		닭고기, 양파 당근	
		쌀죽		쌀죽	
		닭고기, 감자, 오이		소고기, 단호박, 브로콜리	
		현미쌀죽		현미쌀죽	
		닭고기, 양배주, 덩근		두부, 사과, 양배추	
/	/ /	/ /	/ /	/ /	/ /

차	26일 차	27일 차	28일 차	29일 차	30일 차
	D-	D-	D-	D-	D-
		쌀죽		쌀죽	
		소고기, 새송이버섯 청경채		닭고기, 고구마 청경채, 당근	
		현미쌀죽		쌀죽	
		닭고기, 단호박, 양파		소고기, 새송이버섯, 양파, 브로콜리	
		쌀죽		오트밀쌀죽	
		두부, 무, 단호박, 브로콜리		달걀(노른자), 시금치, 감자	
/	/ /	/ /	/ /	/ /	/ /

후기 이유식 1단계 식단표

구분		1일차 D-	2일차 D-	3일차 D-	4일차 D-	5일 D-
아침	베이스		차조쌀죽(3배죽)			잡곡
	토핑		소고기, 배추, 가지, 브로콜리		소고기, 비타민,	
점심	베이스		잡곡죽			잡곡
	토핑		닭고기, 팽이버섯, 애호박, 당근		닭고기, 밤,	
저녁	베이스		잡곡죽			잡곡
	토핑		두부, 청경채, 파프리카, 무		달걀(노른자), 청경	
이유식량(먹은 양)		/ /	/ /	/ /	/ /	/
비고						

구분		11일차 D-	12일차 D-	13일차 D-	14일차 D-	15일 D-
아침	베이스		잡곡죽		잡곡죽	
	토핑		소고기, 비트, 아보카도, 팽이버섯		소고기, 연근, 배추, 당근	
점심	베이스		잡곡죽		잡곡죽	
	토핑		닭고기, 고구마, 당근, 브로콜리		닭고기, 비트, 단호박, 청경채	
저녁	베이스		잡곡죽		잡곡죽	
	토핑		두부, 파프리카, 비타민, 무		달걀(노른자), 고구마, 시금치, 무	
이유식량(먹은 양)		/ /	/ /	/ /	/ /	/
비고						

구분		21일차 D-	22일차 D-	23일차 D-	24일차 D-	25일 D-
아침	베이스	———		소고기양배추쏨갓죽		
	토핑	———		비타민, 당근		
점심	베이스	———		잡곡죽		
	토핑	———		닭고기, 표고버섯, 청경채, 당근		
저녁	베이스	———		버섯잡곡죽		
	토핑	———		흰살생선(광어), 양송이버섯, 양파, 연근		
이유식량(먹은 양)		/ /	/ /	/ /	/ /	/
비고						

차	6일 차	7일 차	8일 차	9일 차	10일 차
	D-	D-	D-	D-	D-
죽		잡곡죽			———
호박, 아보카도		흰살생선(광어), 양파, 당근, 가지			———
죽		잡곡죽			———
파, 애호박		소고기, 양배추, 단호박, 콩나물			———
죽		잡곡죽			———
채, 당근, 배추		닭고기, 비타민, 애호박, 파프리카			———
/	/　/	/　/	/　/	/　/	/　/

차	16일 차	17일 차	18일 차	19일 차	20일 차
	D-	D-	D-	D-	D-
		잡곡죽		잡곡죽	
		소고기, 새송이버섯, 아욱, 비트		소고기, 표고버섯, 아욱, 양파	
		잡곡죽		잡곡죽	
		닭고기, 양배추, 연근, 브로콜리		닭고기, 고구마, 시금치, 브로콜리	
		잡곡죽		버섯잡곡죽	
		흰살생선(광어), 양송이버섯, 배추, 양파		두부, 당근, 청경채, 애호박	
/	/　/	/　/	/　/	/　/	/　/

차	26일 차	27일 차	28일 차	29일 차	30일 차
	D-	D-	D-	D-	D-
		잡곡죽		소고기가지들깨죽	
	달걀(흰자 포함), 아욱, 당근, 애호박			비타민, 애호박	
	소고기양배추쑥갓죽			잡곡죽	
	단호박, 새송이버섯			닭고기, 브로콜리, 연근, 양송이버섯	
		잡곡죽		잡곡죽	
	닭고기, 시금치, 당근, 가지			두부, 당근, 감자, 청경채	
/	/　/	/　/	/　/	/　/	/　/

식단표

구분		1일차	2일차	3일차	4일차	5일
		D-	D-	D-	D-	D-
아침	베이스					
	토핑					
점심	베이스					
	토핑					
저녁	베이스					
	토핑					
이유식량(먹은 양)		/ /	/ /	/ /	/ /	/
비고						

구분		11일차	12일차	13일차	14일차	15일
		D-	D-	D-	D-	D-
아침	베이스					
	토핑					
점심	베이스					
	토핑					
저녁	베이스					
	토핑					
이유식량(먹은 양)		/ /	/ /	/ /	/ /	/
비고						

구분		21일차	22일차	23일차	24일차	25일
		D-	D-	D-	D-	D-
아침	베이스					
	토핑					
점심	베이스					
	토핑					
저녁	베이스					
	토핑					
이유식량(먹은 양)		/ /	/ /	/ /	/ /	/
비고						

차	6일 차	7일 차	8일 차	9일 차	10일 차
	D-	D-	D-	D-	D-
/	/ /	/ /	/ /	/ /	/ /

차	16일 차	17일 차	18일 차	19일 차	20일 차
	D-	D-	D-	D-	D-
/	/ /	/ /	/ /	/ /	/ /

차	26일 차	27일 차	28일 차	29일 차	30일 차
	D-	D-	D-	D-	D-
/	/ /	/ /	/ /	/ /	/ /

토핑명

| 만든 날짜 | 년 | 월 | 일 |
| 소비 기한 | 년 | 월 | 일 |

토핑명

| 만든 날짜 | 년 | 월 | 일 |
| 소비 기한 | 년 | 월 | 일 |

토핑명

| 만든 날짜 | 년 | 월 | 일 |
| 소비 기한 | 년 | 월 | 일 |

토핑명

| 만든 날짜 | 년 | 월 | 일 |
| 소비 기한 | 년 | 월 | 일 |

토핑명

| 만든 날짜 | 년 | 월 | 일 |
| 소비 기한 | 년 | 월 | 일 |

토핑명

| 만든 날짜 | 년 | 월 | 일 |
| 소비 기한 | 년 | 월 | 일 |

토핑명

| 만든 날짜 | 년 | 월 | 일 |
| 소비 기한 | 년 | 월 | 일 |

토핑명

| 만든 날짜 | 년 | 월 | 일 |
| 소비 기한 | 년 | 월 | 일 |

토핑명 ★		
만든 날짜 ★	년	월 일
소비 기한 ★	년	월 일

토핑명 ★		
만든 날짜 ★	년	월 일
소비 기한 ★	년	월 일

토핑명 ★		
만든 날짜 ★	년	월 일
소비 기한 ★	년	월 일

토핑명 ★		
만든 날짜 ★	년	월 일
소비 기한 ★	년	월 일

토핑명 ★		
만든 날짜 ★	년	월 일
소비 기한 ★	년	월 일

토핑명 ★		
만든 날짜 ★	년	월 일
소비 기한 ★	년	월 일

토핑명 ★		
만든 날짜 ★	년	월 일
소비 기한 ★	년	월 일

토핑명 ★		
만든 날짜 ★	년	월 일
소비 기한 ★	년	월 일

토핑명					토핑명			
만든 날짜	년	월	일		만든 날짜	년	월	일
소비 기한	년	월	일		소비 기한	년	월	일

토핑명					토핑명			
만든 날짜	년	월	일		만든 날짜	년	월	일
소비 기한	년	월	일		소비 기한	년	월	일

토핑명					토핑명			
만든 날짜	년	월	일		만든 날짜	년	월	일
소비 기한	년	월	일		소비 기한	년	월	일

토핑명					토핑명			
만든 날짜	년	월	일		만든 날짜	년	월	일
소비 기한	년	월	일		소비 기한	년	월	일

토핑명

만든 날짜

소비기한   년   월   일

토핑명

만든 날짜

소비기한   년   월   일

토핑명

만든 날짜

소비기한   년   월   일

토핑명

만든 날짜

소비기한   년   월   일

토핑명

만든 날짜

소비기한   년   월   일

토핑명

만든 날짜

소비기한   년   월   일

토핑명

만든 날짜

소비기한   년   월   일

토핑명

만든 날짜

소비기한   년   월   일